/科技部推荐优秀科普图书/

三江源之旅

总顾问 冯天瑜 钮新强
总主编 刘玉堂 王玉德

陈进 著

上海科学技术文献出版社
Shanghai Scientific and Technological Literature Press
长江出版社
CHANGJIANG PRESS

长江文明馆献辞
（代序一）

冯天瑜

无边落木萧萧下，
不尽长江滚滚来。
——杜甫《登高》

江河提供人类生活及生产不可或缺的淡水，并造就深入陆地的水路交通线，江河流域得以成为人类文明的发祥地、现代文明繁衍畅达的处所。因此，兼收自然地理、经济地理、人文地理旨趣的流域文明研究经久不衰。尼罗河、幼发拉底—底格里斯河、印度河、恒河、莱茵河、多瑙河、伏尔加河、亚马孙河、密西西比河、黄河、珠江等河流文明，竞相引起世人关注，而作为中国“母亲河”之一的长江，更以丰饶的自然秉赋、悠远深邃的文化积淀、广阔无垠的发展前景，理所当然成为江河文明研究的翘楚。历史呼唤、现实诉求，长江文明馆应运而生。她以“长江之歌 文明之旅”为主题，以水孕育人类、人类创造文明、文明融于生态为主线，紧紧围绕“走进长江”、“感知文明”和“最长江”三大核心板块，利用现代多媒体等手段，全方位展现长江流域的旖旎风光、悠久历史和璀璨文明。

干流长度居亚洲第一、世界第三的长江，地处亚热带北沿，人类文明发生线——北纬30° 线横贯流域。而此纬线通过的几大人类古文明区（印度河流域、两河流域、尼罗河流域等）因副热带高压控制，多是气候干热的沙漠地带，作为文明发展基石的农业仰赖江河灌溉，故有“埃及是尼罗河赠礼”之说。然而，长江得大自然眷顾，亚洲大陆中部崛起的青藏高原和横断山脉阻挡来自太平洋季风的水汽，凝集为巫山云雨，致使这里水热资源丰富，最适宜人类生存发展，是中国乃至世界自然禀赋优越、经济文化潜能巨大的地域。

长江流域的优胜处可归结为“水”—“通”—“中”三字。

一、淡水富集

长江干流、支流纵横，水量充沛，湖泊星罗棋布，湿地广大，是地球上少有的亚热带淡水富集区，其流域蕴蓄着中国35%的淡水资源、48%的可开发水电资源。如果说石油是20世纪列国依靠的战略物资，那么，21世纪随着核能及非矿物能源（水能、风能、太阳能等）的广为开发，石油的重要性呈缓降之势，而淡水作为关乎生命存亡而又不可替代的资源，其地位进一步提升。当下的共识是：水与空气并列，是人类须臾不可缺的“第一资源”。长江的淡水优势，自古已然，于今为烈，仅以南水北调工程为例，即可见长江之水的战略意义。保护水生态、利用水资源、做好水文章，乃长江文明的一个绝大题目。

二、水运通衢

在水陆空三种运输系统中，水运成本最为低廉且载量巨大。而长江的水运交通发达，其干支流通航里程达6.5万千米，占全国内河通航里程的52.5%，是连接中国东中西部的“黄金水道”，其干线航道年货运量已逾十亿吨，超过以水运发达著称的莱茵河和密西西比河，稳居世界第一位。长江中游的武汉古称“九省通衢”，即是依凭横贯东西的长江干流和南来之湖湘、北来之汉水、东来之鄱赣造就的航运网，成为川、黔、陕、豫、鄂、湘、赣、皖、苏等省份的物流中心，当代更雄风振起，营造水陆空几纵几横交通枢纽和现代信息汇集区。

三、文明中心

如果说中国的自然地理中心在黄河上中游，那么经济地理、人口地理中心则在长江流域。以武汉为圆心、1000千米为半径画一圆圈，中国主要大都会及经济文化繁荣区皆在圆周近侧。居中可南北呼应、东西贯通、引领全局，近年遂有“长江经济带”发展战略的应运而兴。长江经济带覆盖中国11个省（市），包括长三角的江浙沪3省（市）、中部4省和西南4省（市）。11省（市）GDP总量超过全国的4成，且发展后劲不

可限量。

回望古史，黄河流域对中华文明的早期发育居功至伟，而长江流域依凭巨大潜力，自晚周疾起直追，巴蜀文化、荆楚文化、吴越文化与北方之齐鲁文化、三晋文化、秦羌文化并耀千秋。龙凤齐舞、国风—离骚对称、孔孟—老庄竞存，共同构建二元耦合的中华文化。中唐以降，经济文化重心南移，长江迎来领跑千年的辉煌。近代以来，面对“数千年未有之大变局”，长江担当起中国工业文明的先导、改革开放的先锋。未来学家列举“21世纪全球十大超级城市”，依次为：印度班加罗尔、中国武汉、土耳其伊斯坦布尔、中国上海、泰国曼谷、美国丹佛、美国亚特兰大、墨西哥昆坎—图卢姆、西班牙马德里、加拿大温哥华。在可预期的全球十大超级城市中，竟有两个（武汉与上海）位于长江流域，足见长江文明世界地位之崇高、发展前景之远大。

为着了解这一切，我们步入长江文明馆，这里昭示——

一道天造地设的巨流，怎样在东亚大陆绘制兼具壮美柔美的自然风貌；

一群勤勉聪慧的先民，怎样筚路蓝缕，以启山林，开创丰厚优雅的人文历史。

（作者系长江文明馆名誉馆长、武汉大学人文社科资深教授）

一馆览长江 水利写文明
（代序二）

“你从雪山走来，春潮是你的风采；你向东海奔去，惊涛是你的气概……”一首《长江之歌》响彻华夏，唱出中华儿女赞美长江、依恋长江的深厚情感。

深厚的情感根植于对长江的热爱。翻阅长江，她横贯神州6300千米，蕴藏了全国1/3的水资源、3/5的水能资源，流域人口和生产总值均超过全国的40%；她冬寒夏热，四季分明，沿神奇的北纬30°延伸，形成了巨大的动植物基因库，蕴育了发达的农业，鱼儿欢腾粮满仓的盛景处处可现；她有上海、武汉、重庆、成都等国之重镇，现代人类文明聚集地如颗颗明珠撒于长江之滨；她有神奇九寨、长江三峡、神农架等旅游胜地，多少享誉世界的瑰丽美景纳入其中；她令李白、范仲淹、苏轼等无数文人墨客浮想联翩，写下无数赞美的词赋，留下千古诗情。

长江两岸中华儿女繁衍生息几千年，勤劳、勇敢、智慧，用双手创造了令世人瞩目的巴蜀文明、楚文明及吴越文明。这些文明如浩浩荡荡的长江之水，生生不息，成为中华文明重要组成部分。

人类认识和开发利用长江的历史，就是一部兴利除弊的发展史，也是长江文明得以丰富与传承的重要基石。据史料记载，自汉代到清代的2100年间，长江平均不到十年就有一次洪水大泛滥，历代的兴衰同水的涨落息息相关。治国先必治水，成为先祖留给我们的古训。

为抵御岷江洪患，李冰父子筑都江堰，工程与自然的和谐统一，成就了千年不朽，成都平原从此“水旱从人、不知饥馑”,天府之国人人神往。

一条京杭大运河，让两岸世世代代的子孙受惠千年。今天，部分河段化身为南水北调东线调水的主要通道，再添新活力，大运河成为连接古今的南北大命脉。

新中国成立以后，百废待兴，党和政府把治水作为治国之大计，长江的治理开发迎来崭新的时代。万里长江，险在荆

江。1953年完建的荆江分洪工程三次开闸分洪，抗击1954年大洪水，确保了荆江大堤及两岸人民安全。面对’54洪魔带来的巨大创伤，长江水利人开启长江流域综合规划，与时俱进，历经3轮大编绘，使之成为指导长江治理开发的纲领性文件。

“南方水多，北方水少，能不能从南方借点水给北方？”毛泽东半个多世纪前的伟大构想，是一个多么漫长的期盼与等待呀。南水北调的蓝图，在几代长江水利人无悔选择、默默坚守、创新创造中终于梦想成真，清澈甘甜的长江水在“人造天河”里欢悦北去，源源不断地流向广袤、干渴的华北平原，流向首都北京，流向无数北方人的灵魂里。

新中国成立以来，从长江水利人手中，长江流域诞生了新中国第一座大型水利工程——丹江口水利枢纽工程、万里长江第一坝——葛洲坝工程、世界最大的水利枢纽——三峡工程。与此同时，沉睡万年的大小江河也被一条条唤醒，以清江水布垭、隔河岩等为代表的水利工程星罗棋布，嵌珠镶玉。这是多么艰巨而充满挑战、闪烁智慧的治水历程!也只有在这条巨川之上，才能演绎出如此壮阔的治水奇观，孕育出如此辉煌的水利文明，为古老的长江文明注入新的动力!

当前，长江经济带战略、京津冀协同发展战略及一带一路建设正加推提速，长江因其特殊的地理位置与优质的资源禀赋与三大战略（建设）息息相关，长江流域能否健康发展关系着三大战略（建设）的成败。因此，长江承载的不仅是流域内的百姓富强梦，更是中华民族的伟大复兴梦。长江无愧于中华民族母亲河的称号，她的未来价值无限，魅力永恒。

武汉把长江文明馆落户于第十届园博会园区的核心区，塑造成为园博会的文化制高点和园博园的精神内核，这寄托着武汉对长江的无比敬重与无限珍爱。可以想象，长江文明馆开放之时，来自五湖四海的人们定将发出无比的惊叹：一座长江文明馆，半部中国文明史。

（作者系长江文明馆名誉馆长，中国工程院院士、长江勘测规划设计研究院院长）

前言

每一条河都有其演变历史，流淌的江河不仅滋润着大地，也诉说着自己的故事，可以说，每一条河都有自己的传说及文明发展的历程，何况像长江、黄河这样的大江大河。长江作为中国第一大河，不仅其文明发展是中华文明的重要组成部分，而且自然的长江仍然有许多奥秘需要考证和探索。

本书以长江流域科学考察为主线，兼顾黄河源、澜沧江源区科学考察，对大江大河源头进行探源，同时，叙述对长江流域重要的生态环境敏感河段或者区域考察的感想。书中提到的“三江源”主要指长江、黄河和澜沧江源区，已经超出“三江源自然保护区”的范围。三江源地区地处世界第三极——我国的青藏高原腹地，绝大多数行政区在青海省，少数地区涉及西藏自治区、四川省和甘肃省。三江源地区平均海拔3500 ~ 4500米，不仅具有蓝天白云、宽阔的高原和丰富的水资源，而且具有独特而脆弱的生态系统举世瞩目，因此国家已经将三江源相当大的地区划为国家级自然保护区。

三江源地区由于高寒缺氧，自然条件恶劣，所以人烟稀少，到目前为止，对其进行系统性的科学考察及科学研究成果很少，许多气候、水文、地理、地质和生态系统中的问题还没有弄清楚，社会公众对于它的认识不仅存在神秘感，而且存在误区。最典型的问题是这些河流的正源在哪里、为什么科学家考察成果不能被承认、目前争议的焦点问题是什么，等等，有许多问题值得进一步地探讨。

另一个问题是在互联网上或者著名检索网站上经常看到“三江源”是“中国的水塔”之说，试图表明三江源地区是中国淡水的主要来源地。

许多人会有疑问：高高在上的水塔能否源源不断地向中华大地提供水源？三江源地区生态环境状态到底怎么样？国家实施的生态补偿效果怎样？等等。

目前看来，说三江源是中国的水塔只是人们对于三江源的一种期望，它也确实是中国重要的水源涵养区，但流出的水并没有媒体上说的那么多。这种说法对于加强三江源保护是有好处的，从定性角度看，对一些河源基本正确。

但如果进一步看相关的数据，如“黄河源输送水量占黄河总水量49%；长江源区输送水量占长江总水量25%；澜沧江源区输送的水量占澜沧江总水量15%”等，这些数据就存在问题了。

因为该数据没有明确是那个水文站测量的，三个数据中唯一大致准确的只有黄河，但49%水量恐怕是包括源区在内的整个黄河上游地区的产水量。对于长江显然就是错误的，长江源区出口水文站——直门达站多年平均（1953—2009年）流量为408立方米每秒，多年平均流出长江源区的水量为129亿立方米，仅占长江多年平均径流量9856亿立方米的1.3%，显然是数量级上的错误。这些数据来自某地理界的科学考察成果，但他们毕竟不是水文界的专家，国家权威部门应该向社会提供权威的数据，否则会误导视听。

三江源的核心地区已经是国家自然保护区，是一块广阔而神奇的地方，是探险和旅游的好去处，但外地人要进入该地区，不仅需要承受身体的巨大考验，也面临着诸多风险。

如何适应高原环境，克服高原反应，探索和欣赏大美的江源风貌及深奥的藏传文化内涵，需要有高原旅行和探险的经验，这些就是作者写本书的主要目的之一。

长江不仅有复杂的水系和独特的生态系统，而且长江水养育了流域4亿多人口，随着南水北调工程的运行，还将养育黄、淮、海等流域的更多的人口，已经成为中国最主要的水源地。

长江水资源的开发和利用必然会对部分江段、一些支流和部分区域生态环境产生影响，所以，本书也论述了作者对流域内重要生态环境敏感区考察的感想。

作者出生在长江口上海，从小生活在长江中游边的武汉，中学时期每年都会在长江中畅游。

1975 年就参加了武汉市“716”横渡长江活动，曾经 10 多次横渡过长江，对于长江激流有着切身的体会。

1977 年高中毕业后的第一次旅游就是坐轮船从武汉到九江，然后登上庐山。

从 20 世纪 80 年代起，曾多次乘坐轮船到南京、上海等长江沿岸城市出差和旅行，虽然每次需要 2 ~ 3 天航程，但通过在长江中航行，对长江中下游干流宽阔和左右变化的航道有着深刻的印象。

在三峡水库蓄水前，也曾多次到长江三峡及支流进行考察和游览，对于长江三峡、大宁河及小小三峡美丽景观留下深刻印象。

近 20 多年来，多次参加长江流域各类科学考察，走过长江干流全程和大部分支流，对于长江水系自然特性有着丰富的感性认识。而对于江源问题的研究起源于 2010 年长江水利委员会（简称“长江委”）组织的第三次长江源综合考察。

当时长江委决定继 1976 年和 1978 年长江源考察后，进行新一轮的长江源综合考察，并推荐作者作为前站组组长，负责大部队考察的是前期准备工作。

经过艰苦努力，考察队不仅完成了探路、建营和立碑的任务，而且成功登上长江源头——各拉丹冬山峰下的姜根迪如冰川——长江流出第一滴水的地方，而且从 2012 年及以后的几年中，连续组织和参加了长江源区的通天河、长江南源当曲、澜沧江源区和金沙江全程的系列科学考察，在通往长江源的途中也多次路过黄河源区，考察了鄂陵湖、阿尼玛卿山、翻越巴颜喀拉山和黄河源第一县——曲麻莱县等地。

通过亲身经历三江源考察以及事前事后的文献综述和研究，我们对于三江源源头争议及存在的问题有了初步的认识。另一方面，由于到过三江源区的人不多，作者多次参加江源科考，有不少切身体会和思考可以贡献给社会和长江的保护事业。

本书内容分为两大部分，第一部分为长江流域内科学考察，第二部分为长江流域之外的黄河、澜沧江、雅鲁藏布江的科学考察，还有一小部分是河流源头的探讨。既有偏重于地理、水文、生态环境和水利工程等自然科学，也有考察纪实及感想，可以为高原考察、探险和旅行者爱好者提供参考。以此希冀让更多的人了解江源、热爱江源。

目　录

长江探源

长江圣美神奇，其源头更是扑朔迷离，1978年1月13日，中国新华通讯社发布：长江的源头在唐古拉山脉各拉丹冬雪山西南侧的沱沱河，全长6300多千米。为中国第一、世界第三大河。

神秘的长江源

江源概述

虽然中国有五千年的文明史，但搞清楚长江源到底发源于哪里却只是30多年的事情，而且至今还有争议，在现代科学技术快速发展的今天，为什么会有这样的事情呢？

从地图上看，长江源地理位置不算遥远，从西藏的拉萨到长江源直线距离500千米左右，从青海的西宁到长江源直线距离不过1000千米，从成都到长江源直线距离也不过1500千米，从三地坐飞机1～1.5个小时就可以达到，如果有状况较好的公路，从拉萨或者西宁一天车程就可以达到。但由于长江源区处在唐古拉山北麓，昆仑山西南边，巴颜喀拉山西北，平均海拔4500米以上，那里空气稀薄，经常大风狂舞，气候干冷，年平均气温还不到1℃，即使在7—8月也经常飘起飞雪，几乎全年都是冬季，冰川、雪山、沼泽和草原成片，大多数地区无路可走，也属于飞行的禁区，一般的飞机也不能飞到那里。目前江源地区的国家级公路只有一条，是20世纪50年代初，以人民解放军为主力的11万人经过5年多时间修建的，也称为天路。除这条公路外，江源地区基本没有正规的路，汽车很难深入公路以外的高原腹地。因此绝大部分区域是无人区，只有少数藏民能够骑马或者牦牛可以深入，外地人只有极少数探险家、地质工作者和科学考察人员曾经进入江源腹地。据不完全统计，到过沱沱河上游及姜根迪如冰川、当曲源区和楚玛尔河上游地区的非藏民总人数不超过300人次。

2010年来，作者有幸四上长江源，至今印象深刻。

初上高原，发现高原与我们想象中的情景完全不一样，穿过昆仑山口进入可可西里无人区，发现高原上面真的很平坦，一眼可以望出几十公路，甚至上百千米，除了偶尔在远处隐隐约约可以看到不显高的雪山外，真是一马平川，比我国东部的平原还平坦。

长江源区的冬季是冰山、雪地或者枯草地，夏季是沼泽、草地或者石头山坡，除偶尔可以看见藏羚羊、牦牛、羊群外，基本看不到什么其他大型动物，而鼠兔、麻雀倒有不少。近 10 年来，沿青藏公路两侧先后修建了青藏铁路和高压输电工程，这些工程都在青藏公路两边几公路范围内，离开这个范围就没有人类活动的迹象。

由于高原如此平坦，夏季冰雪融化的水大部分进入沼泽湿地，少数流入长江源区水系，所以，高原除了大片草原外，就是大片沼泽和水网。它们不仅阻碍了人类活动的进入，也使修建公路等基础设施十分困难。如果要开车进入，非得等到沼泽冰冻以后，也就是每年的 10 月底以后。严冬到来时。大地已经披上白色冰雪，几乎没有绿色植被补充和释放氧气，空气中的氧气只有我国东部平原区的 40% ～ 50%，如此稀薄的空气给探险者带来巨大的挑战，有多少“英雄豪杰”在这里竟折腰。

历来准备上江源考察的人员中，真正能登顶的不过 20%，上高原不得高原病才是奇迹，不少人自吹曾经到过 3000 ～ 4000 米的地方，发现没有多大的高原反应，其实绝大多数人都是路过或者暂停，没有在那么高的地方过夜，要知道，高原病多半是经过高原夜后才会完全显现。如果从低海拔地区上来，身体中的富余的氧可以让人保持半天以上的活力，但经过一夜的消耗，身体中的余氧必然耗尽，白天靠深呼吸也许还能保证身体基本的氧气需求，而晚上人们是不可能在睡着时还不断地进行深呼吸的。缺氧会让人头疼，在高原过夜常常是无法入睡，即使睡着也会被憋醒，这时，人类才会深刻地体会到氧气的可贵，平原人很难在高原上呆上几天而身体没有反应的。夏天，高原会有大片草地植被，大气中的氧气会多些，但长江源区的含氧量仍然只有平原区的 50% ～ 60%，比唐古拉山南麓的拉萨等地氧气少，而且大片的沼泽地和复杂的河网水系给汽车行驶带来巨大威胁，不少探险者就是牺牲在这些看得见或者看不见的沼泽中，所以，地矿部门到高原勘探有硬性规定，一是不容许夜间外出，二是不容许单车出行，因为一旦出事，连报信的人都没有，比马航失联飞机还难寻找。所以说，长江源区是冬无足够的氧，夏无可走的路，连藏族同胞也很少长期居住在那里，他们只是在夏季游动放牧时才到那里，那里是真正的人类活动的禁区。

我们是10月中旬进入江源的，这时高原已经被冰雪覆盖，但一些沼泽仍然没有冻结实，汽车陷入不能动弹也是常有的事，所以，进入无人区，汽车平均时速最多10千米，比我们骑自行车还慢，拖车施救、修路垫路、搭石桥等花费的时间比坐车时间还长，坐在车上可以说是危机四伏，随时可能出现险情。

当然，江源考察虽然充满着危险，但进入无人区看到的景观仍然令人震撼，首先的感觉像是达到了外星球式的，或者是想象中的南北极景观，这里没有路，没有房子、没有人，没有手机信号，也没有令人厌恶的电线杆和电网线遮挡景观，没有一切人类活动的痕迹。周围十分寂静，除了风声外几乎听不到任何声音，偶尔会看见藏羚羊等野生动物，或者看见几只小鸟在飞翔，再也听不到任何生息，这里不仅是人类生活的禁区，也是绝大多数生物的禁区，是纯自然的环境。当时想，地球上也许只有南北极有这样的景致，这主要得“归功”于恶劣的自然条件。

江源区本底高程就在4500米左右，所以这里的山丘看起来并不高，也不险峻，可能是这里常年的大风侵蚀和年复一年地冰雪溶蚀作用，使得山丘全是平缓而圆润，没有一点棱角和险峻之感，跟内地的山体完全不同。这里的河流都是自然演变，大多数河流水浅而急，河谷十分宽阔，一条1～2个流量的小河，两边的河谷就可能有几百米，甚至几千米宽，水系和沼泽湿地交织。如果没有这些流淌的溪流和沼泽，江源的情景真的与无生物无声音的外星球类似。

长江源未知的东西实在太多，别看青藏高原高高在上，这里的地貌和地质却相当“年轻”，形成不过千万年，而高原强烈隆起只有几百万年，比人类出现还晚。这里降水和流动的水很少，但保存在地下和山上的固体水很多，其中在永冻土中就保存着几千亿立方米的水，整个长江源区只有东南部有低出口，通天河由此流出少量的水，其他水要么以冰雪或者冻土形式存在当地，要么留在湖泊和沼泽地中，还有部分水在空中蒸发掉，每年真正流出的水流只有100多亿立方米，占长江入海水量1.3%，这点与黄河源有很大差别，如果称长江源为长江的“水塔”，主要是指储存长江源区的固态水（冰川和冻土）十分丰富，可以占到长江每年入海水量的一半。

高原的气候、地貌、河流、沼泽和生物之间的关系密切而且复杂，只要在这里做科学观测和研究，其成果就会举世瞩目，而且多是原创的，只不过这里的科研条件极其恶劣，长期坚持在这里做科研会有生命的危险，所以，到目前为止，这里的科研空白点很多，已经得出的研究成果还很少，可以说是这里气候、地理、地质和生物等方面的科学奥妙无穷，还是一块处女地，等待人们进一步去探索。

古代人的认识

对于长江到底发源于何地？人们的观念几千年来已经发生过几次变化，最早说是发源于岷江，也有说源于嘉陵江，后来确定发源于金沙江。现在关于长江的发源地官方已经有明确的结论：即长江来源于通天河，其来源有三：沱沱河为正源，当曲为南源，楚玛尔河为北源。

在古代，由于没有科学的长度、水量、方向等测量方法和准确的地图，关于江源认识上出现误差或者错误都是自然的事。另一方面，由于江源的确定至今并没有统一、公认的标准，所以，即使现在也还存在一些争议。不过，由于我们对于江源区水系地理位置的认识已经基本一致，目前存在的质疑主要围绕着沱沱河和当曲谁为正源等问题。

早在 3000 ～ 4000 年前的夏商时期，中国开始进入有文字记录的文明阶段，这一时期，长江流域人烟稀少，交通不便，又没有科学的测量手段，古人对长江源的认识非常肤浅，即使对于长江中下游水系古人也有过错误的认识。例如，在 8000 ～ 3000 年前全新世以来，全球及我国都处在气温偏高时期，降雨量丰富，洪水频繁出现，川江出三峡，汉江出丹江口，水流进入长江中游的洪泛冲积洼地，这里是湖泊、沼泽、水网、陆地交织的冲积平原区，那时的江汉平原和洞庭湖区都是大片湖泊、沼泽和河网区，历史上称云梦泽，人们甚至分不清长江和汉江谁是长江的主流。分析原因，可能是长江在三峡出口——南津关处很窄，江面宽只有 200 ～ 300 米，而汉江中游江面宽有 1000 ~ 2000 米，所以，当时的人是“江汉不分”。事实上南津关虽然很窄，但水深流急，而汉江中游江宽而水浅，前者的流量比汉江大很多倍，仅看水面是不准确的。古代也没有多少人关心长江发源于何地。

到 3000 ~ 2200 多年前的春秋战国时期，我国著名经典《尚书•禹贡》中写到“岷山导江，东别为沱”，认为长江发源于岷山。这里的岷江实际上指的不是川西青藏高原东缘的岷山，而是现在甘肃天水西南北千米的嶓冢山（石铭鼎，2001），即现在的嘉陵江上游西汉水的源头，但岷江作为源头最为盛行。由于《尚书》是五经之一，古人对其十分崇敬，再加上没有人做科学的考察和测量，使此后 2000 多年一直沿用岷江作为长江源之说，几乎没有人提出过质疑。实际上，早在东汉初期，古代人就已经知道金沙江源远流长，但一直将其视为长江的支流。如北魏时期著名地理学家郦道元所著的《水经注》便持此观点。

古人将岷江作为长江源也不是完全没有道理，推断其原因有三：一是岷江水量确实很大，多年平均径流量达 1065 亿立方米，是长江支流中径流量最大的，仅比长江干流金沙江宜宾站（多年平均径流量 1460 亿立方米）少 395 立方米，而且由于金沙江流域没有大的暴雨区，而岷江流域有著名的川西暴雨区，如果论最大洪峰流量，岷江甚至比金沙江还大。如历史上，岷江出口水文站——高场站最大洪峰流量曾达到过 51000 立方米每秒，而金沙江出口——屏山站历史最大洪峰流量仅 36900 立方米每秒，看最大瞬时水量，岷江比金沙江大。二是宜宾以上是金沙江下游，多是高山峡谷河段，水面宽只有 150 ~ 200 米，而岷江下游水面宽在 400 ~ 1000 米，给人以比金沙江还大的印象。三是由于金沙江水急、滩多，即使现在一般也不能通航，而岷江下游古时候就可以通航，舟楫不断，人烟兴旺，有“大江风范”。如果不采用科学的测量方法，误将岷江作为主流，金沙江作为支流是可以理解的，所以，古人犯错也在情理之中。

事实上，徐霞客之前的古人，由于缺乏水文和地理知识，对江源的想象与理解比起今人，既幼稚又复杂。春秋战国时代的《山经》就认为黄河源头是潜流重现，所谓“积石之山，其下有石门，河水冒以西流”，这一认识很是流行一时，原因是汉代张骞出使西域后，误将黄河之源推至新疆于田之东，中途经罗布泊再潜流至青海，连郦道元也深受此说影响，所以他没有将金沙江确定是长江的干流。

第一次对权威经典说法提出挑战的是富有实证精神的明代旅行家徐霞客。他在《溯江纪源》一文中明确提出“推江源者，必当以金沙江为首”的论断，虽然“霞客所知前人无不知之”，但是，徐霞客超越前人的地方在于他明确地意识到了一个评判江源的简单原则——以水流最远的支流为正源，并从这一原则出发，推翻岷江是长江正源的旧说，确立金沙江是长江正源的新说。

“余按岷江经成都至叙，不及千里，金沙江经丽江，云南，乌蒙至叙，共二千余里；舍远而宗近，岂其源独与河异乎？非也！”“故推江源者，必当以金沙为首。”“其实岷之入江，与渭之入河，皆中国之支流，而岷江为舟楫所通，金沙江盘折蛮僚溪峒间，水陆俱莫能溯。”徐霞客分析了古人为什么将岷江作为江源的原因。发人深省的是，以风餐露宿的实地考察名垂史册的地理学家徐霞客，其最重要的科学贡献之一就是发现长江的正源，不仅因为他曾经去过金沙江，而且他根据考察结果进行整理和思考，最后推断得到。

由于徐霞客当时只是个民间人士，没有官方身份，不具有权威性，他的推论并不被明朝和当时的社会认可，等到他死后很长一段时间才渐渐被清初的康熙皇帝及其清朝学者所接纳。清初国家统一，西方的一些科学制图技术已经传入中国，康熙皇帝在《康熙几暇格物编·江源》中，对于徐霞客的《溯江纪源》十分赞赏，正式肯定了徐霞客长江源之说。康熙皇帝为了有效地统治青藏地区，曾派出专门的使臣对长江江源进行考察，想进一步探明江源水系分布。由于江源地区气候恶劣，高原缺氧和交通困难等原因，这些使臣来到江源区时，无法深入江源腹地，只能“望源兴叹”，停留在“江源如帚，分散甚阔”的水平上。即使这样，也初步描述了江源河网及沼泽湿地交错复杂的基本特性，但尚分辨不出谁是主流河道，得出江源水系复杂和散乱的结论。康熙四十七年至五十七年（公元1708—1718年），朝廷组织学者首次采用近代测量技术完成了《皇舆全览图》，图上已经绘出通天河上游水系的大致方位，初步确定了长江源和黄河源头的地理位置。乾隆二十六年（公元1761年），齐召南所撰《水道提纲》，对于江源水系作了更细致的描述，已经涉及布曲、尕尔曲、当曲、沱沱河等江源河流，由于当时江源河流名称多用蒙古语标注（明朝期间，蒙古人曾经统治青藏高原地区近百年时间，使当地许多地名用蒙古语）。他认为布曲为正源，当曲和沱沱河为支流。从清朝到民国时期，虽然有一些中外人士深入长江源区进行探险或者科学考察，但因复杂的地理条件、恶劣的气候和自然环境，又缺乏有效的测量手段，都只是停留在大致弄清了长江源头有当曲、布曲、楚玛尔河等许多条河流的水平上。

现代人的认识

晚清及民国年间，涉及江源水系的著作开始增多，但其详尽程度没有超出清乾隆年间齐召南的《水道提纲》水平。1946年出版的《中国地理概论》是一本有代表性的著作，书中写道：“长江亦名扬子江，源出青海巴颜喀拉山南麓……全长5800千米，为我国第一巨川，上游于青海境内有南、北两源，南源曰木鲁乌苏，北源曰楚玛尔。”由于黄河发源于巴颜喀拉山北麓，而长江源出自该山之南，于是便有“江河同源于一山”和“长江和黄河是姐妹河”之说。当时中小学地理教科书都以该书为依据编写，并且确定长江全长5800千米，为世界第四大河，因而谬传甚广，影响极深，以至于到新中国成立以后相当长的时间，这种说法仍然盛行于世。

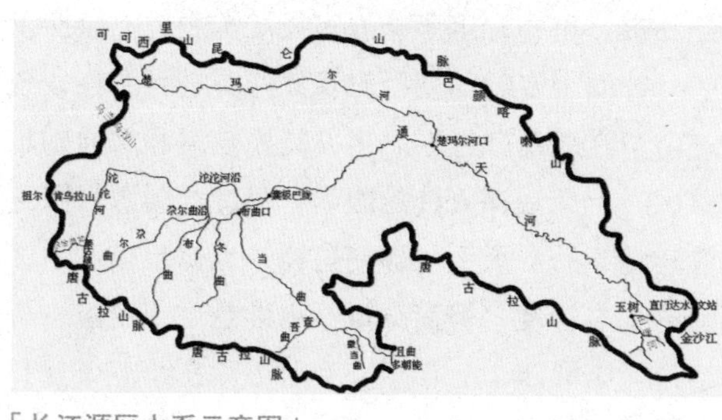

「长江源区水系示意图」

木鲁乌苏实际上是现在的通天河的一部分，虽然它与黄河只隔一山（巴颜喀拉山），但其上游还有三条源河，这也是长江长于黄河的原因之一。这个时期，关于长江正源也有多种说法，如曾经将当曲的支流布曲，或者将布曲的支流尕尔曲作为长江正源说出现过，原因是这两条支流都发源于唐古拉山北麓，与通天河走向基本一致，其中尕尔曲与通天河的走向比沱沱河还要顺畅，而且由于青藏公路正好穿过这两条河流，容易考察，而沱沱河沿以西地位是无人区，基本没有科考人员深入。

20 世纪 70 年代以前，我国在青藏公路以西大片地区没有精确的实测地形图，尚不清楚沱沱河全程的实际走向，人们以发源于唐古拉山脉主峰——各拉丹冬雪山的尕日曲（尕尔曲）为长江正源，尕尔曲与通天河走向一致，而且也发源于各拉丹冬，但其实际长度不及沱沱河的一半。1970 年，兰州军区测绘部队采用航空摄影测量方法，自四川德格地区的金沙江段起，溯江而上，对江源地区实施 1:10 万地形图的测绘工作，这些测绘成果为长江流域规划办公室（简称长办，现称长江水利委员会）开展江源考察提供了基础资料。

1976 年夏和 1978 年夏，长江流域规划办公室先后两次组织江源调查队，深入江源地区，进行了详尽的考察和考察后的研究，结果证实：长江源伸入青藏高原的唐古拉山和昆仑山之间，这里有大大小小十几条河流，其中较大的有三条，即楚玛尔河、沱沱河和当曲。

在这三条河中，楚玛尔河水量不大，冬季常常干涸，不能成为长江正源；要论流域面积和水量，都以当曲为最大；但根据“河源唯远”和“与长江干流流向一致”的原则，最终确定了水量比当曲小，而长度比当曲还要长 18 千米的沱沱河为长江正源。沱沱河的最上源有东、西二支，东支发源于唐古拉山主峰各拉丹冬雪山（海拔 6621 米）的西南侧，西支源于尕恰迪如岗雪山（海拔 6513 米）的西侧，东支较西支略长，故长江的最初源头应是东支。东支的上段是一条很大的冰川（姜根迪如冰川），冰川融水形成的涓涓细流，便是万里长江流出第一滴水的地方。根据这两次考察成果，新华社于 1978 年 1 月 13 日公布了长办江源考察的新结论：“长江究竟有多长？源头在哪里？经长江流域规划办公室组织查勘的结果表明：长江的源头不在巴颜喀拉山南麓，而是在唐古拉山主峰各拉丹冬雪山西南侧的沱沱河；长江全长不止 5800 千米，而是 6300 千米，比

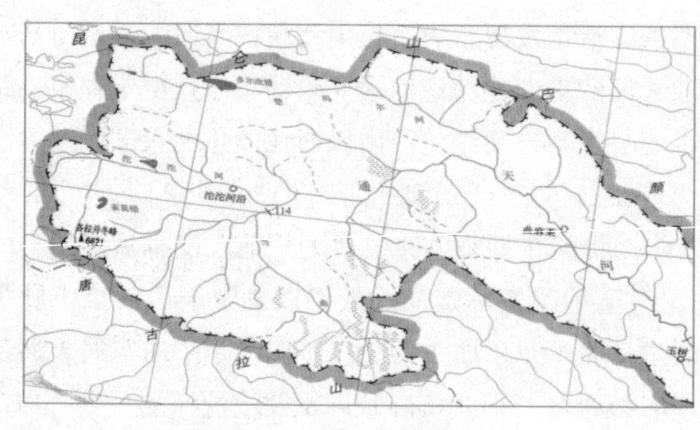

「长江源区水系图」

美国的密西西比河还要长，仅次于南美洲的亚马孙河和非洲的尼罗河。”第二天，美联社发了一则电讯称：“长江取代了密西西比河，成了世界第三长的河流。”现在世界各国都已经认可这一结论（石铭鼎，1983），左图为长江水利委员会正式确定的长江源区水系图。

从图中可见，沱沱河河流走向与通天河比较一致，而当曲虽然流域面积大些，但与通天河流向相反。沱沱河源头是长江流出第一滴水的地方——各拉丹冬脚下的姜根迪如冰川，右图为夏冬两季长江北源楚玛尔河地貌，从两图可见，江源河流干季（或者冬季）与湿季水流差距巨大，湿季像大河，冬季像小溪，甚至断流（称为“连底冻”，整段河流从水面上到河底都被冰住），如果不进行长年的监测，只依靠考察期间的瞬时水文测量，很容易造成误判，得出错误的结果。

「雨季时的楚玛尔河 （8月）」

「寒季时的楚玛尔河（10月中旬）」

争议与讨论

尽管水利部长江水利委员会已经正式确定了长江源头，但现在地理界的学者及民间探险者们仍然存在一些质疑，特别是近10年来，随着空间信息技术的发展和考察仪器装备的改进，科学家和探险家对江源考察和探险积极性高涨，如果说 30 年前真正到过长江源区冰川处的外地人只有十几个人，而现在已经有数百人次的外地人到过长江源，有些人甚至多次进入江源。现代比较有代表性的几次科考及意见如下：

1．1985 年美国坎沃伦急流探险公司获准首漂长江，为了赶在美国人之前完成首漂长江的壮举，中国青年尧茂书于 1985 年 6 月只身进行长江第一漂，不幸遇难。同年 10 月，四川省地理学会发起组织了长江科学考察漂流探险指挥部，并成立了包括漂流队员、科学工作者、随队记者及安全保卫、后勤人员共 54 人组成的长江科学漂流队。这支队伍中有 11 人是来自中科院成都地理研究所等单位的科研人员，15 人是主漂队员，平均年龄 25 岁，由唐邦兴、朱剑章为领队，1986 年 6 月 3 日，长江科学考察漂流探险队从成都出发到西藏拉萨，转而北上到长江源头沱沱河，6 月 16 日正式开始长江漂流和科学考察。在海拔 4500 米的长江河源区，他们采集到各类水文、地质标志 1000 多件，拍摄了 3000 多张照片。长江科学考察漂流探险队对江源区进行了考察，认为当曲在长度、水量、流域面积和水系发育等方面均超过沱沱河，对沱沱河为长江正源首先提出了质疑。

2．2008 年 10 月，由青海省测绘局组织，中国科学院地理所刘少创研究员领队的“三江源头科学考察”科考队，通过考察，他们认为南源当曲应该作为长江正源。他们采用了全球卫星定位系统（GPS）、地理信息系统（GIS）、遥感技术（RS）等现代高新技术，测得沱沱河长度为 348.63 千米，当曲长则为 360.34 千米，比沱沱河长出 11.71 千米，他们团队以“河源唯长”为依据认为当曲应该为长江正源。20 世纪 70 年代担任兰州军区测绘江源地形图的测量大队总工程师、副大队长李志良教授也支持该观点。

3. 2009 年 10 月由 14 名地质专家、探险家组成的“为中国找水”科考队，以横断山研究会首席科学家、中国治理荒漠化基金会专家委员会副主任杨勇领队，对长江源进行了考察，他们确认尕恰迪如冰川较之前确定的姜古迪如冰川更远，沱沱河因此延伸长度约 10 千米。”他们认为“当曲不可能是正源，它本身是沼泽地，水源以地下水为主，水量很小”。杨勇认为，“长江水源 60% 来自各拉丹冬西南侧的沱沱河，从地图上很容易看出，沱沱河由西向东，非常顺直，与长江主流方向一致，发源地是地势较高的冰川，而当曲的源头是海拔较低的沼泽，由地下水源汇集起来的，且偏向东南，有一个大拐弯，该地区由于降雨相对较多、汇水面积大，水系流量自然大，但它与长江干流的方向不够顺畅。另外，沱沱河与当曲长度相当，源头冰川不记入河长也有争议，他们认为沱沱河作为长江正源还是合适的，与长江委的观点一致。

4．2010年10月，长江水利委员会与青海省水利厅一起，组织了近100人的队伍对长江源进行了第三次综合科学考察，包括长江委主任蔡其华在内的23位长江委人和15位青海水利厅及西宁嘉铭户外运动服务公司的司机登顶长江源头——海拔5400米的姜根迪如冰川，作者有幸亲自参加了本次科学考察，并成功登顶。此次考察主要特点：一是将“长江委江源综合考察纪念碑”矗立在江源之上、冰川之巅，海拔5400米的姜根迪如首次有了长江委人永恒的印记。二是组织近百人的水利工作者，包括全国勘察设计大师、首席科学家、学术带头人、青年才俊在内的多个学科和专业的顶尖专家组成的考察队，对江源水文、水资源、水生态、水环境、地理、冰川、气象、地质、地球空间信息变迁等9个方面进行了综合考察，而且从长江源到长江口进行了同步水质测量。三是考察结果仍然坚持确定了以沱沱河为正源的长江三源说。

「长江流出第一滴水的地方姜根迪如冰川」

长江源水系复杂，古代人划分水系时主要依据是传说和感观，而现代已经有科学的测绘、航测和水文测量等定量化方法，长江源区水系分布、走向、水量目前基本确定，而如何划分主流与支流、正源与多源，没有公认的标准，甚至具有一定的主观性，所以，从学术讨论的角度，产生争论是正常的。

1976年，长江委对长江源区水系重新归并和划分时，并没有考虑后来人产生争议，主要从水系规模的角度，当年划分使实际上扩大了原当曲水系的范围，使其流域面积和水量明显地增加。历史上将布曲或者尕尔曲当成长江正源也有一定的道理，原因有三：一是最早的青藏交通线穿越布曲和尕尔曲，先人容易达到，并将首先被人们发现和认识的两曲看成正源；二是两曲走向与通天河走向基本一致，早先将两曲的下游称为木鲁乌苏河（现在部分河段改成通天河），而且两曲也发源于唐古拉山冰川，源头海拔都比当曲源头高，至今当地藏民还将布曲下游段称为通天河，而传统当曲（除掉布曲水系）流域面积及水量并不算很大；三是早先的考察人员无法进入沱沱河和当曲腹地，无法准确测量各曲的长度和流量，所以，先人曾将当曲，或者沱沱河作为布曲或者尕尔曲的支流也属自然。

1976 年长江委根据通过航测及实地测量得到的 1:10 万地形图和实地考察，将尕尔曲划归为布曲的支流，再将布曲水系划归为当曲的支流，要知道布曲的流域面积有 14083 平方千米，多年平均流量 146 立方米每秒，重新归整后的当曲流域面积和水量分别增加了 46% 和 45%，长度也增加了 30 千米（布曲口到囊极巴陇距离），从而更加容易引起人们的质疑。从右图可见，布曲水系不仅发育于唐古拉山北麓的冰川，而且流域面积、长度（235 千米）和水量都比较大，目前是当曲最大和最长的支流，构成了当曲下游山谷与宽河谷相间的河流地貌特征，与传统当曲高原及沼泽地貌有明显不同。如果将布曲延伸到囊极巴陇，再将尕尔曲和冬曲都作为布曲的支流，则布曲流域面积可以达到 16927 平方千米，与沱沱河和传统当曲流域面积基本相当，水量也与原当曲相当，所以，布曲水系的加入对于当曲贡献是相当大的，也是引起后人质疑的原因之一。

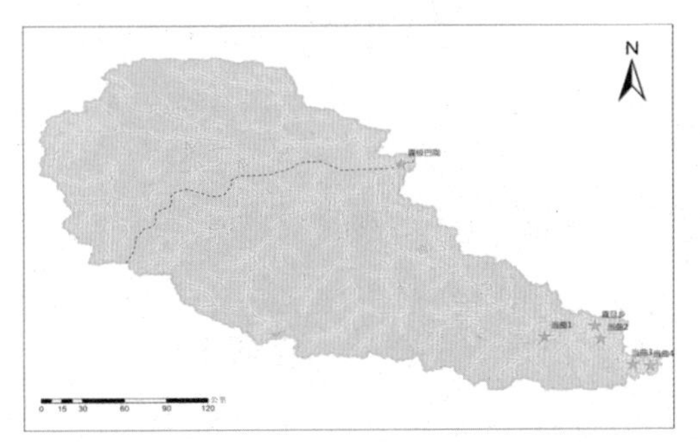

「沱沱河与当曲水系比较」

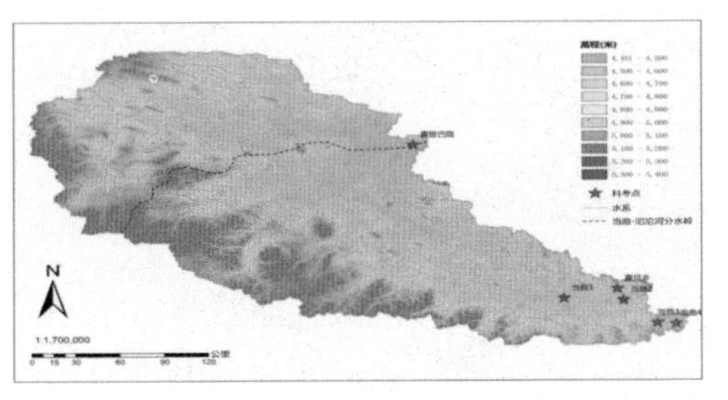

「 沱沱河与当曲水系地形图比较」

沱沱河能够成为正源的主要优势有三：①它发源唐古拉山主峰——各

拉丹冬；②它的中下游走向与通天河及长江干流走向基本一致；③沱沱河上段从姜根迪如到波隆曲口有126千米长南北向河道，占了沱沱河总长的1/3以上，早先人们不知道沱沱河会穿越祖尔肯乌拉山。弱点是其流域面积和水量比当曲明显小很多，而且沱沱河上段走向是自南向北，也与通天河不一致。

在沱沱河与当曲谁为正源上，虽然长江委和青海省测绘局测量成果基本一致，但青海测绘局（包括刘少创团队）团队没有给出新的证据，所提的流域面积和水量等方面的问题，长江委在34年前就已经明确，并对选择沱沱河作为正源做出过解释。当曲不能作为长江正源主要理由是：①在长度上，沱沱河与当曲相差很小，基本上在测量误差范围内；②沱沱河源头各拉丹冬的姜根迪如冰川与当曲源头区霞舍日阿巴山（或者且曲扎西格君）相比，前者距长江入海口直线距离更远，各拉丹冬藏语意为“高高尖尖的山峰”，最能体现长江发源于全球最高的青藏高原特点，是世界最高的大江之源，而多朝能源头霞舍日阿巴峰只有5395米，且曲源头更低，海拔仅5030米，在雪线以下几百米；③最重要的还是当曲干流走向与通天河及长江几乎相反，向西偏北方面流出。所以，作者认为沱沱河作为正源更合适些。

由于气候变化等因素，江源冰川实际上处在不断变化的过程中，对于6300多千米的长江，江源河流长短几千米到十几千米基本上处于误差范围内，每年，甚至每个季度河长都会有几千米的变化，所以，作者认为没有必要就几千米长短来论长江源在哪里。

现代科学技术发展很快，很容易通过空间遥感与现代测绘技术测量江源，长几千米对长江的地位没有什么影响，早先我国的珠穆朗玛峰也测高了4米（8848米），后来测量发现没有那么高（只有8844米），虽然矮了4米，也许是冰盖融化引起的，但照样是世界第一高峰。无论以哪条河作为长江源，长江作为世界第三、中国第一大河的地位是不会改变的，长江的三源说可以综合各家的观点，体现了包容各方观点的意识。

长江源区科学考察

参天之木，必有其根；浩瀚之水，必有其源。

长江源，这块美丽神奇的自然造化，孕育了伟大的母亲河长江，从这里的第一滴水开始，她一路奔涌，一路养育，繁衍生灵，造就文明，成为中华民族永远的脉搏。探寻大江之源，破解亘古之谜，古往今来不知成为多少人的梦想和夙愿。

古代人的考察

中国古代对于江河源没有系统的考察，许多江河源来源于少数古籍地理书籍和民间传说。《尚书·禹贡》算是中国有文字记录最早的地理书籍，传说该书是战国时魏国人托名大禹的著作，因而就以《禹贡》名篇。《禹贡》全书仅1193字，以自然地理实体（山脉、河流等）为标志，将全国划分为9个区（即“九州”），并对每区（州）的疆域、山脉、河流、植被、土壤、物产、贡赋、少数民族、交通等自然和人文地理现象，作了简要的描述，其中就对长江源做了说明。

汉代时，出现专门记述河流的《水经》，虽然《水经》原文仅1万多字，但记述了137条全国主要河流的水道情况。到北魏晚期，郦道元——中国历史上第一个地理学者，根据他的游历和研究，写出了传世之作《水经注》，共40卷，比较详细记载了中国1000多条大小河流及有关的历史遗迹、人物掌故、神话传说等，是中国古代最早、最全面的综合性地理著作。该书还记录了不少碑刻墨迹和渔歌民谣，文笔绚烂，语言清丽，具有较高的文学价值。郦道元已经描述了金沙江，不过仅将其视为长江的支流。

如果说地理考察，明朝的徐霞客是中国古代最著名的考察专家，其一生志在四方，不避风雨虎狼，与长风云雾为伴，以野果充饥，以清泉解渴，其足迹遍历今天的北京、河北、山东、河南、江苏、浙江、福建、山西、江西、湖南、广西、云南、贵州等16省（自治区、直辖市），所到之处，探幽寻秘，并以游记的形式记录观察到的各种现象、人文、地理、动植物等状况。在游记中，他得出金沙江是长江正源的观点，改变了长期以来“岷江导江”的学说。

中国古代地图多半是凭经验和观察手绘的半立体的地图，真正采用科学方法绘制地图的是清初。公元1704年，康熙皇帝为编制全国地图，引进了西方测绘和绘图方法，曾多次经派人进入青藏等江河源区，不过，由于江源地区艰难险阻、气候恶劣等众多原因，他们无法实地探查江源腹地，只做出了“江源如帚，分散甚阔”的描述。可以想象，在那个年代担负圣上使命的长江源区考察者，驱赶着背负沉重行囊的健壮牦牛，风餐露宿，一步步走向长江源区。可是，恶劣的自然条件和广阔的沼泽地带阻止了他们前行的道路。这些沼泽地对于今天寻源的人来说都是难以跨越的难题，在古代，没有道路，也没有现代交通工具，要进行实地考察更是难上加难。即使这样，到公元1718年，中国第一本地图集《皇舆全图》由康熙组织人员绘制完成，其中分别为黄河、长江绘制了河源图、江源图。

公元1892年（清光绪年间）美国人洛克希尔曾经到青藏公路附近的尕尔曲探险过，并认为尕尔曲为长江源，公元1896年英国人威尔伯曾经到楚玛尔河上游的多尔改错（叶鲁苏湖）探险，同一时期，沙俄军官普热瓦尔斯基两次到通天河探险。

1949年—20世纪末的考察

新中国成立以后，黄委会在20世纪50年代对黄河源进行多考察，而长江委直到1973年，为了给国庆30周年献礼时，才发现缺乏长江源区的基本资料，如水系情况、地形图和江源代表性照片等，所以，决定对长江源进行科学考察。1976年长江委在兰州军区的帮助下，组织包括地理、测绘、水利、摄影、医生和司机共28人的长江源考察队，对长江源区进行了历时51天的艰苦的考察，其中8人骑马深入沱沱源头冰川考察，2人达到祖尔肯乌拉峡谷和尕尔曲源头冰川，其中多数人为新闻记者，第一次拍摄到长江正源的影像和照片。长江委当时派出了4人，成绥台为领队，但由于胃出血退回格尔木，只在公路沿线考察，张晓军因高原反映剧烈返回，只有石铭鼎和原更生两人登顶，到达了姜根迪如冰川，其他人员为人民画报社2人，中国人民杂志社1人、中央新闻纪录电影制片厂1人、葛洲坝工程局1人，共8人成功登顶。当年还考察了楚玛尔河和当曲下游局部河段。

「1976年首次江源考察」

通过该次考察，确定了沱沱河为长江正源，唐古拉山主峰各拉丹冬雪山西南的姜根迪如冰川为长江的发源地，并在中国科学院地理所的协助下，重新量算，使长江全长由5800千米增加到6300多千米。

1978年长江委再次组织地质、地理、地貌、水文、高原生物、测绘、摄影、医生和司机58人队伍，对长江源区的水系、地质、地貌、水文、生物进行考察，考察补充了当曲源头区的考察。考察结论认定了长江三源说，其中长江委参加考察的有9人，水文局的邹兆倬为队长，勘察局的张修真为副队长，其中5人登上姜根迪如冰川。

1985年8月美籍华人黄效文等一行9人从青海杂多县骑马向西南行，经过巴麻、占尕尔、达俄后达到当曲源头，他认为当曲正源在霞舍日阿巴山之东北120～150千米扎日山南麓的马鞍形山脊中，比沱沱河长。

近期其他重要考察情况前面已经说过，这里不再赘述。

沱沱河考察

2010年，长江委决定组织对长江源进行综合的科学考察，我听到消息后，心情十分的激动，不仅因为长江委已经30多年没有组织过对长江源的考察，目前在职的长江委职工没有一人到过长江正源，而许多社会团体或者民间探险爱好者却常常去那里。而且目前国内外对于长江源区的气候、地理、环境和生态看法各异，甚至对长江的源头也出现质疑声，作为水利部派驻长江流域及西南诸河的水行政主管单位，怎么能不行动呢?

本次长江源综合考察的主要目的有了解青藏高原气候、冰川、环境和生态变化情况；观测世界第三极的自然和环境特点，青藏高原地理与人类环境关系，考察我国重要水源含养区情况，同时感受一下自然的伟大和优美的高原景观。

我研究长江已经有20多年，自然十分想参加这次活动，没有到过长江源区可谓长江人的遗憾。幸运的是，长江委领导不仅让我参加，而且委任我为前站组组长，主要任务是探明和确定考察线路；选择和建立登顶前大本营的位置；在长江流出第一滴水的源头树立考察纪念碑；为大部队科考打前站，做准备。

原计划 10 月上旬出发，但当我们前站组到西宁与青海省水利厅的同志商量时，他们说现在进不去，江源区是无人区，没有公路，仅有大片沼泽，只有等到沼泽冻硬以后，汽车才能进入，最早得等到 10 月下旬，江源气温才达到那样的程度，可气温降低后面临的高原缺氧和高原病等危险加重，听说那时当地空气中的含氧量仅有平原地区的一半，而且到了晚上，最低温度在 -20℃以下，不仅需要穿很厚的衣服，而且要带携带很多物质和给养用品，想到这些，我心里就发毛，我能坚持到底吗？

考察准备

为了保证考察成功，长江委成立了综合考察领导小组，下设综合组和技术组，我们前站组是在综合组领导下开展工作。计划的考察路线是武汉（25 米）—西宁（2300 米）—格尔木（2930 米）—沱沱河镇（4630 米）—登顶大本营（5000 米）—姜根迪如冰川（5400 米），其中有 200 多千米是无公路的无人区。

在参加考察前，我到过最高的地方没有超过 3000 米，而本次考察将是对我身体的一次严重的考验。为了与青海省水利厅协调，我在正式考察前几天去过一次西宁，那里虽然只有 2300 米，但我仍然感觉气有点不畅，头有点晕，而想到我们将要达到海拔 5400 米的地方，我能挺过来吗？心里实在没有把握。虽然我平时比较注意锻炼身体，也没有高血压和心脏病，身体状况不差，但高原病因人而异，与体质没有太大关系。高原病听起来很可怕，使许多人不敢到高原去，少数坏案例吓坏了“广大民众”，其实许多高原病都是心理因素诱发的，或者说心理因素起到了加重的作用。

出师不利

作为前站组成员，我们一行 8 人于 10 月 16 日从武汉飞往西宁，为大部队23日正式出发做准备。虽然武汉到西宁距离不算长，但当时没有直达航班，只能从西安转机。那天由于武汉机场大雾，飞机起飞时就晚点了3个多小时，使我们从西安到西宁的飞机不得不改换航班，这样，我们从早上8点出门家门，到了晚上6点才到西宁，如果直飞，2小时就可以到西宁，结果走了10小时，有点出师不利的感觉。

西宁

来到西宁，一下飞机就明显感觉到这里的气温比武汉低很多，赶快穿上春装。前来迎接的是青海省水文局局长严鹏一行。晚上，青海省水利厅的于厅长宴请了前站组的同志，同时介绍了准备工作的情况，给我印象最深的是他反复强调安全第一，一定要多带氧气瓶，每人至少3瓶（事前每人准备了2瓶，一瓶可以供一人使用3小时），如果身体出现问题，要求坚决撤回。听了厅长的一番话，我们心里开始忐忑不安，我们到底谁能够坚持呢?

10月中旬，武汉刚刚离开夏天，进入秋天，而西宁已经接近冬天，夜间最低温度只有0℃,房间已经开始供暖气。听说江源地区已经-10℃了，我们要在很短的时间内体验三个季节的变化。这也是没有办法的办法，因为从青藏公路到长江流出第一滴水的地方——姜根迪如冰川有200多千米没有路，夏季汽车是无法穿越的，非得等沼泽冻硬了才能行车。

但冬季的江源面临的另一个大问题是缺氧，由于此时江源地区已经白雪皑皑，氧气只有平原区的50%，使我们这些长期生活在低海拔地区的人都担心自己能否挺得过去，我开始感叹氧气对于人类和生物是多么的重要，我想要赞扬氧气了。

17日早上，我起得比较早，到外面走走，感觉气温很低，寒气逼人，饭店周边有一个公园，有不少人在晨炼，由于我没有穿毛衣，怕感冒，所以走得很快。如果感冒，就上不了高原了，这是上高原第一忌讳的事，我得十分小心。

格尔木

10月17日，吃过早饭，我们一行10人（其中两位是青海水利厅的同志）10点从西宁乘机起飞，一小时后达到格尔木机场，飞行路途，已经看到莽莽雪山和一望无际的戈壁——柴达木戈壁。

到了格尔木市，水利局的王局长到机场接上我们，他将陪同我们一起到江源考察。据他介绍，目前格尔木市有27万人口，已经是青海省第2大城市，而50年前这里只不过是个兵站和驿站，人口不过1万。路过市区时，看到街道挺繁华的，同样有很多名牌店和精品店。这里的发展主要依靠采矿工业，如附近有著名的钾盐矿，昆仑山上有玉石，每年上昆仑山、可可西里和长江源的人大多数从这里出发，到了夏季，这里更是一房难求，所以，现在城市最好地段的房价也超过3000元每平方米，在这样偏远的城市，房价也不低。

来到格尔木宾馆，这里也是市政府和市人大办公的院子，环境优雅，格尔木市赵市长迎接了我们。宾馆大堂有很多国家领导人在这里居住时与员工的合影，胡锦涛、吴邦国、温家宝等都在这里住过，这里是格尔木市最好的宾馆，我们能住这里真是不错，房间也可以免费上网，可以与世界保持着联系。

格尔木天气很好，阳光灿烂，空气质量优良，与国外没有差别，但紫外线也很强，在这里晒几天就可以改变肤色，难怪当地人肤色暗黑。格尔木海拔2900米，虽然还不高，但我还是多少有点头晕，一量血压，已经升高了些，80/130，我平时都在70/110，我的同伴小孙血压升到130/160，青海水利厅的同志给我说，他最好不要上去了，我说，等明天我们正式体检后再说，如果不过关，就得就此打转回家，这太可惜了，但我已经决定寻找可能备用的前站队员，因为前站组人员不能太少，否则无法完成任务。

青海水利厅的接待人员为了我们这些从平原来的人的安全，让我们在格尔木修整3天，以慢慢适应高原的生活能力，而他们已经派人提前出发，到玛曲乡请向导、联系工人，开始筹备大本营的建设。开始对于这样的安排，我们是有意见的，我们是抱着探险和工作来的，让我们在格尔木待3天，无事可干，心里不安。同时也觉得在2900米的地方调整，不如到4500米的沱沱河镇去调整。经过再次请战，青海方还是不同意我们的要求，他们一是担心我们身体不行，二是担心到我们到了前方，不但干不了什么事，如果出现身体不适，还要照顾我们。后来到了沱沱河后，我们才感受到他们这样安排是非常正确的，如果我们马上到沱沱河去调整，估计多半是熬不过的，后来大部队的多数人都是在沱沱河镇被淘汰掉的。

18日早上，我出去走了40分钟，虽然气温很低，但感觉良好。清晨的格尔木，街上只有上学去的学生，几乎看不见其他的行人，由于这里已经进入冬天，也很少看见晨炼的人。

跨越昆仑山

20日早上8点30分，我们一行10余人开着三辆越野车从格尔木出发，沿着青藏公路向沱沱河进发，其中第一站是跨越昆仑山口，从格尔木2800米高程向海拔4000米以上的昆仑山前行。

车开出格尔木，行驶不久就开始上坡，2小时左右就达到昆仑山口，这里距格尔木市100多千米，是青海、甘肃两省通往西藏的必经之地，也是青藏公路上的一大关隘。久闻昆仑山是中华民族的象征之一，金庸的武侠小说将其定位为修炼神功之处，是中华民族神话传说的摇篮，古人尊为“万山之宗”，或者“龙脉之祖”，因而有“国山之母”的美称，藏语称“阿玛尼木占木松”，即祖山之意。由于刚从格尔木出来不久，再加上看到真实的昆仑山，我们激动地忘记了这里已经是海拔4776米，身体感觉还可以。

「从格尔木市出发」

中午达到五道梁镇，这里距格尔木289千米，海拔4415米，此地曾被称为“到了五道梁，哭爹又叫娘”，又被称为“纳赤台得了病，五

「前站组长江委三人途径可可西里自然保护区」

道梁要了命”，这些都是早年上高原的真实写照。尽管当时感觉还可以，但吃饭前我的血压已经升到160，这时随队医生开始提醒我们注意放慢步伐，减少活动。

到了下午5点多，到达沱沱河，住沱沱河兵站，这时离开格尔木已经6～7小时，开始感觉到高原的威力，头疼，呼吸急促，行动吃力，是兵站的解放军战士帮助我们将行李扛到房间，我们的行动能力急剧下降。

21日早上6点，起床准备出发，发现外面正下着大雪，能见度只有几米，但为了赶路，我们不得不冒大雪出发，向江源最后的居民点玛曲乡进发。沿青藏千米向南行驶80千米，离开青藏公路，向西转向村级公路，再行驶80千米，于上午10点到达玛曲乡，与前期达到的水利厅同志、向导和先行到达的装满物质的两台牵引车会合。玛曲乡在地图上是属于格尔木市沱沱河镇范围内，但实际行政管理权属于西藏自治区安多县，我们事前先通知了青藏自治区政府及水利厅，才进入该乡。说是一个乡，实际上只有十几户人家，有一个小学校而已，周围是无人区。

在玛曲乡喝了一碗稀饭，讨论下一步行动计划后，于上午11时，我们一行5台小车，外加两辆满载物质的牵引车一共7台车从玛曲乡出发，向雀莫湖方向进军，开始真正进入无人区。今天的任务是要到雀莫湖附近寻找合适的地方建设登姜根迪如冰川的大本营。大本营位置的选择很重

「讨论进入无人区方案」

「载满考察物质的牵引车」

「负重的牵引车，向大本营进军」

「最先建起 3 个大棚的大本营雏形」

要，基本原则是：①离登顶地方不能太远，以能够保证登顶队员当天返回；②附近要有不冻的水源，必须保证几十号人的生活用水；③自然环境条件要良好，避开风口。雀莫湖水面海拔4930米，不到5000米，湖泊附近氧气相对充足些，有尚未冻死的小溪，可以方便取用水。

下午 4 点左右，我们达到雀莫湖，首要的任务是建立大本营，初期先搭建三个帐篷，两个为宿营地，一个为厨房兼食物和物质储藏间，到了晚上 9 点才完成，然后吃了一碗面就躺进帐篷，讨论明天大本营建设和探路方案，我们还要再建 5 个帐篷和一个厕所，为大部队到来做好准备。

向姜根迪如进军

22 日清晨，天正在下雪，能见度很低，帐篷外面积雪厚度超过 10 厘米，局部达到 20 厘米以上，气温降到 -18℃。按计划，我们今天应该向江源探索，去寻找长江流出第一滴水的地方。但一夜的大雪一直持续到清晨，这样的天气能见度只有几米，看不清地貌，很容易迷失方向，是很危险的。但这还不算最大的困难，最大的问题是我们的两台牵引

「大本营雪后的晨光」

车全冻死，不能启动。清晨，司机们已经花费 1 个多小时试图烧烤发动机，但一直没有成功。没有牵引车，一旦车辆沉陷，就很难拖出。而且我们为在姜根迪如立碑，要运输一块重达 500 多千克的大理石纪念碑，再加上水泥、砂和防冻剂等物质，还有 200 多千克物质也需要牵引车。如果不将纪念碑送到江源，立好，我们去江源最主要的任务就没有完成，即使我们到了江源，也没有意义。没有牵引车，一旦越野车陷了，怎么办？所以，一大早，我这个前站组组长遇到的麻烦可大了，如果今天不将碑立好，明天再遇大雪怎么办？这将影响近 100 人的考察大部队的行动计划和整个江源综合考察的行程。

当难题像山一样压过来时，也是好运来临之时。8 点 30 分左右，雪停了，再过一会，天气晴朗，是探源的好时机。江源的天气就是这样变化无常。我们的司机队长陈林师傅曾多年跑高原、有丰富探险经历，他建议将最好的一台越野车座位拆除，将纪念碑等物质放进去，作为运输货物的车辆，从而解决了运输的难题。当然这有负面影响，即少了一辆越野车，只能减少探源的人数，让谁不上呢？向导不能缺，工人不能少，只有正式职工可以减少，最后决定长江委上 3 人，青海水利厅上老朱，厅里其他考察队员全都留下，继续完成大本营的建设。

9 点 30 分，我们一共 4 台越野车带着沉重的物质出发。我们还并将自己的睡袋带上，准备晚上万一回不来，就在姜根迪如冰川夜宿一晚。前车为向导和翻译（向导不会汉语，而翻译却年近 60 岁），另外请了 4 个当地（玛曲乡）藏族工人，正式队员只有我们前站组的四位成员，我、朱延龙、孙录勤和蒋鸣，连我们带来的医生都由于高原反应也留在了大本营。

出发前，我通过卫星电话向在格尔木前方指挥所的陈晓军主任汇报，他表示十分担心，因为没有牵引车，风险太大，决不容许我们在 -20℃以下时露宿 5400 米的冰川之下。他命令我们，今天再晚也得赶回大本营，青海水利厅的领导也要求我们一定要回到大本营过夜。但由于我们出发的时间太晚，大雪已经覆盖了大地和山脉，我们也不清楚什么时候可以达到姜根迪如冰川，如果碑不立好，我们能明天再回来立吗？只有今天这个机会了，不冒风险是完成不了任务的。“将在外，君令有所不授”，我是“先锋官”，我有现场指挥权，就这样，我们带着三天的食物和不安的心情出发了。

由于天气晴朗，我们边走边打下标志旗杆，为我们后撤和大部队行进确定行车路线。尽管天气好，但江源被大雪覆盖，看不见土地、湿地、草地和山头，路途中我们多次陷车，又多次想办法将车拖出来。我们聘请的是专业探险车队，司机们都是经验丰富的探险高手，他们大多数多次到高原探险，包括长江源头，不仅适应高原开车，而且依我们的标准全是“铁人”。我的身体在一般人中算是好的，在武汉出发前体验时，一切指标都正常，但在高原，我仍然体力不支，所有高原反映现象都发生了：头疼、气短、胸闷、严重睡眠不足（4 夜总共只睡了 4 ～ 5 小时），所以，我虽然是组长，但只能动嘴，完全不能干任何体力活，而我们的司机不但要开车、救车，而且还能干活，我由衷地钦佩他们。可以这样说，如果没有这些司机，我们江源考察任务是无法完成的。

「住 9 个人的大本营帐篷内景」

车行 5 小时左右，我们看见远处有山沟，出现不少冰舌，有点像姜根迪如冰川，以为快到了，但向导说不是，按行车时间，大本营到江源只有 70 千米，而我们已经走 5 ～ 6 小时，应该差不多要到了，所以，越走我们越犹豫，越觉得像走错了路。70 千米，在公路上，只要 1 小时，怎么还没有到呢？最后决定停车，与向导们讨论，拿出图纸看了半天，也不能确定前方是不是姜根迪如冰川。我们虽然有科学头脑，但在广阔的无人区，向导最具权威。尽管他去过，但他十分年轻，我有些怀疑他的经验是否可靠，因为江源区地貌特征不明显，对于我们外地人，各个地方看起来都差不多，向导正是根据山体形状和地貌来判断前进的路线，最后，我们只有听向导的，继续前行。

「车印——我们回来重要路标」

最后，我们来到一条很宽的河滩地，两岸是雪山，向导说这就是沱沱河，我们沿河滩地继续向前行使近 1 个多小时，经过 7 个半小时，在下午 4 点半左右，终于达到姜根迪如。看到真实的姜根迪如冰川时，我们十分兴奋，来不急拍照，就开始选择立碑的地方。

立碑地方要求：①碑要离冰川尽量近，靠近第一滴水的地方；②最好车能够到达，因为碑很重，没有现代汽运机械，不可能靠人将碑抬上去；③要求碑能够永久保留，位置不能太靠近河道，要立在一个相对安全的高处；④要求醒目，一到冰川就可以看见。

最后，我们选择离冰川 200 米的左岸高滩上一块大石头的前面，这里是最合适的地方了。经过 1 小时的挖坑、拌合混凝土、立碑和浇注，终于将碑立好，才开始照相。

「与青海水文局朱延龙在纪念碑合影」

姜根迪如冰川不远处住着一户藏民，我们立完碑到他家喝上了一口酥油茶，吃了几口干馒头，再吃了点我们带去的牛肉，就算我们的中餐了，这时已经是下午 6 点了。途中我只吃了一块巧克

「停车讨论下一步的行车方向」

力，没有吃任何其他东西。由于碑立好了，心里塌实了，我们忘记了饥饿和疲劳，我们前站组的任务已经完成。

晚上6点，我们赶紧往回撤，要在天黑前走完河滩地，因为那里看不见我们的车辙印。经过4个半小时，我们在晚上10点半终于回到大本营，向格尔木领导汇报，他们已经为我们担心了一整天。

「车印——我们回来重要路标」

高原缺氧的感受

地球上之所以有生命，最主要的原因是大气中含有21%的氧气，没有氧气，地球上任何生命都不能存在。地球上的氧气主要来自森林、草原、藻类等绿色植被的光合作用，而森林大火、火山爆发等将消耗地球上的氧气。长期以来，地球大气中氧气的含量是稳定的，氧气多了，容易引起森林大火，氧气少了，地球生态系统将受到很大的影响。

地球大气中的含氧量分布不平衡，海拔高、冬季植被少的地方氧气少，而植被多，光合作用强的地方，含氧量多。地球的南北两极和青藏高原第三极，由于终年积雪，植被稀少，大气中氧气含量少，而森林，特别是热带雨林中，含氧量高，是天然的氧吧。人体吸入的氧气多，会使人充满活力，有力气。我们进行运动时，需要消耗大量氧气，感到乏力多是因为供氧不足引起的。人类运动能力的强弱，除了肌肉强弱外，主要取决于吸氧和供氧能力，肺活量大，吸氧能力强，就会充满力量。

到高原考察或者探险最大的危险就是缺氧。长江源区平均海拔在5000米左右，即使在夏天大地植被茂盛的时候，大气中的含氧量也只有平原区的 60 ～ 70%，而在冬季，大地被雪覆盖，几乎没有植被，大气含氧量只有平原地区的 50% 左右，平时吸一口气就可以满足身体需氧要求，在江源上需要吸两口。人体为了适应缺氧环境，必须通过加快呼吸和血液循环来满足身体的需要，所以，在高原地区，呼吸和心跳速度增加、血压升高是身体正常的反映。问题是我们不能长时间加快呼吸，特别是晚上睡觉时，在高原待上一天以上，血液中原有正常的含氧量平衡受到破坏，我们的大脑和身体必然会缺氧，出现头疼、嘴唇发乌、胸闷、呼吸困难的现象，特别是晚上，你没有办法通过深呼吸来满足氧气需要，所以，在高原上睡觉是最痛苦的事，如果不吸氧，你很难入眠，如果你通宵不睡，第二天就无法正常工作或者行动。

高原病发生率因人而异，一般规律是：青年人比中老年人重，男人比女人重，高个子比矮个子重。我分析原因，主要与人的耗氧水平和耐低氧能力有关。高原病与人们的体质好坏也关系不大，平时身体好的，高原反应更强。高原上患感冒是最危险的，很容易引起脑水肿、肺水肿等严重疾病而死亡，所以，在高原上最好不洗澡、洗头，藏民的生活习惯与高原环境就有着密切的关系。

在本次江源考察之前，我没有在 3000 米及以上高原呆过一天，也没有过夜的经历，所以，特别担心是否能够挺过 4 天以上的 4500 米以上地区的生活。为了适应缺氧环境，我提前一周即在武汉时就开始吃红景天，到了格尔木，更加大了剂量，才使我后来高原反映没有那么强烈。

20 日上午，我们从格尔木出发，到五道梁吃午饭前，我一直没有什么反应，也很兴奋，多次停车，下来拍照。到五道梁兵站吃饭时，部队领导很热情，邀请我们到二楼接待室先休息下，我与部队领导一同快步上楼，刚坐下，我很自信地让医生给我量血压，结果达到 110/160，使我吓一跳，我高压从来没有高过 120，现在竟然达到 160，我不敢相信，我要求医生再量，过了 5 分种，降到 100/150，血压升高已经是不可回避的事实。

到了沱沱河兵站，在室外，我感觉良好，空气中氧气似乎够用，但在房间里，在暖气和双层窗户封闭的环境中，我呼吸开始困难，头疼，只有将窗户打开才感到舒适些，但又怕冷风将我们吹感冒，真是左右为难。所以，吃完饭，我就上床躺着看电视，像女人坐“月子”一样，禁闭门窗，在床上捂着，怕着凉。由于没有洗漱条件，而且为了节省体力，我 4 个晚上没有洗脸和洗脚就睡觉，早上只漱口，用水抹下脸，就这样过了 4 天。好在这里空气极干净，也没有出汗，不脏也不臭。在大本营，8 ～ 9 人一个帐篷，竟然没有闻到臭脚味，真是低碳环保的生活方式，当然，这要求环境十分干净。

第一晚在沱沱河过夜时，尽管医生不让吃安定，但我还是偷吃了一颗，但那一夜还是只睡着 1 小时左右。由于我一直躺着，闭目养神，第二天 5 点起来，精神还可以，除了头疼外，其他反应还好，而委办的小王，昨晚还挺精神的，早上起来，嘴唇紫了，脸也肿了，只能遗憾地退出了登顶考察。到了大本营，白天除了头有些疼外，也还过得去。晚上我吃了一片安定，睡着了 2 ～ 3 小时。第二夜，为了休息好，我竟然吃了两颗安定，睡了 4 ～ 5 个小时，第三天我感觉就好多了，精神也更好了，休息好是适应高原环境最大的法宝。

在江源，我的血压开始一直维持在 100/140，我怕再升高，就找同事要了一片降压药服用，医生也分别两次给我吃降压药和头疼粉，最后一天，我的血压在 90/130，进一步好转。在江源的 4 天中，我吃的药比我一年总和都要多，但为了预防高原病，也不得不这样做。吃降压药和安眠药都是有依赖性的，我下来后再慢慢调整，摆脱药物的依赖性。当然，我也创造了 4 天在海拔 4500 米以上没有吸一口氧气的记录，也使我们的大部队探险队员信心大增。没有高原生活经历的人也能挺过去，而我们大部队的许多同志都去过拉萨等高原，我们 4 人作出了表率，“以身试法”，验证了人的耐缺氧的能力。当然，下到格尔木后，我们 4 人都有些不适，有的脸肿了，有的胸疼，而我的反应是最轻的。24 日，回到格尔木（2800 米）后没有再吃降压药和安眠药，而且睡得很香。睡了几个小时，起来后，顿时感到身体格外有力气和轻松。25 号早上，我帮助 6 位领导和医生抬运行李和药品，再也没有感到吃力，我已经完全恢复了体力。

尽管我创造了奇迹，但领导还是间接地批评我们这样的做法，领导建议我们晚上应该多少吸一点氧，这样可能更有利于身体健康。不管怎么样，我还是需要歌颂“氧气”，它是地球生命之源，我们地球人都应该保护森林，保护氧气，保持绿色的生活方式。

高血压话题

长期在平原生活的人到高原进行短期考察，其血压会升高，原因是人体通过增加血液循环压力和速度供应身体需要的氧来适应缺氧环境，这本是自然现象，但却成为我们这次考察谈论最多的话题。

考察准备时，长江委、青海省水利厅与格尔木人民医院共同制定了一条必须严格遵守的考察纪律，即随队医生不仅治病、防病，还有全权决定谁上谁不能上，而血压高低是医生判断人选时最重要的依据。我们的医生来自格尔木人民医院,她们分别是藏族老医生寒梅和蒙古族年轻医生金花，寒梅不仅在格尔木负责全体考察队员的体检和健康鉴定，并亲自陪同大部队上江源，而金花陪同前站组先行出发。

我的血压一贯正常，绝大多数时间都在70/110附近，家族也没有高血压病史，所以，从开始我就对自己的血压充满信心。到了格尔木，血压略有升高，80/120，还算正常。而前站组的孙录勤曾一度测到110/160，吓得他不轻。为此，寒梅医生和前方总指挥朱延龙多次表示，他可能上不了江源，使他在格尔木的三天始始终笼罩在可能上不了江源的压力中。当然，医生在量到高血压后，并没有“一棍子打死”，给了他一盒降压药，让他先吃，“以观后效”。不知道是他吃药以后降了，还是后来心情平静了，反正后来他的血压一直控制在100/140左右，达到了上山的基本条件，使他胜利完成的全部行程。

上山第一天，前站组到达五道梁兵站吃午饭，这里已经是高达4600米以上，我虽然有点高原反应，但血液中还有携带不少低地的氧，总体感觉良好。一到兵站，我就同前来迎接的部队领导三步并作两步地上了二楼接待室。刚一坐下，我就让金花医生给我量血压，结果110/160，高得吓人。我不相信，过5分钟再量，高压仍然有150。我怎么也不相信会有这么高的血压。这使我确信我虽然健康，但不是铁人，也会面临因血压过高失去上山的机会。从此以后，我十分重视保持缓慢行动的习惯，听医生的话，医生让我口含降压片，我毫不犹豫地含咽（尽管我平时最不喜欢吃药）。到了沱沱河兵站，这里已经超过 4500 米，一整天的路途和兴奋已经耗尽体内的氧气，开始有些头疼，所以，我没有马上让医生给我量血压，怕又升高了，而是等我吃晚饭，躺下半小时后，才让金花给我量血压，结果稳定在 100/140。即使这样，我仍然觉得偏高了。我是长江委党组推荐的前站组组长，身负探路、建站、立碑等多项任务，怎么能不上呢？我不去，谁又能替代呢？所以，从上沱沱河以后，除了医生两次给我口含降压片外，每晚，我还私下向孙录勤要一片降压药吃下，而且晚上为了能休息好，每天睡觉前都吃一粒安眠药，同时加大吃红景天的药量。高原最后一晚，我竟然吃了两粒安眠药。这样，在大本营的两天，我的血压不仅保持了稳定，而且还降低了，稳定在 90/130，在 5000 米以上的高原，这已经算是正常的血压了。良好的身体状况使我能够圆满完成前站组的任务，为大部队按计划行动奠定了基础。付出的代价是在 10 天内吃了过去一年都没有吃过的药量。而到达大本营后，前站组的医生金花高血压竟然也达到 180，尽管她说自己没有什么感觉，但我们还是要求她吃药，留她在大本营休息。

高原的高血压实际上并不可怕，我的战友朱延龙，他的血压在西宁时就高，如果不吃药，也会上 150，吃了降压药就可以稳定住，照样登了顶。只要血压不是高得过分，而且无严重的高原反应，实际上血压高低可以不作为登山的决定因素。

我们下到格尔木，见到大部队的同志，看到他们因血压升高而“恐惧”的样子，实在可怜。他们都“害怕”寒梅医生，因为她手握谁上谁不上的“生杀大权”，其中血压计就是她的“武器”。可怜我们的考察队员，见了她，血压就好像会升高几十一样，头就犯晕。其实大家最害怕的是因“小病”失去登顶的机会，也怕她以“莫需有”的“罪名”将自己打回武汉。寒梅是一位十分有经验的医生，曾经 14 次到姜根迪如冰川，同时是一位积极的环保志愿者，她怕上去的人们多了，会破坏江源的环境，再加上江源已经被大雪覆盖，大批车队行进很容易陷车，会严重影响探险队行进速度，影响整个考察的预定计划的实现，所以，考察队领导确实需要适当限制登顶的人数，而血压高是“淘汰”队员最好的“武器”，所以，高原上高血压成为本次综合考察队最多的话题之一。

通天河考察

考察目的

2010年长江委组织江源综合考察时，给长江科学院的名额只有几个，最后登顶的人只有2人，许多人员多次请战参加考察，但没有名额。

长江科学院作为长江流域的科研主体机构，应该成为长江源科学考察的主力军，所以，经过反复研究，长江科学院决定从2012年起，每年都组织形式多样的科学考察活动，其中的重点区域是长江、澜沧江和怒江源区，目的是考察长江及西南诸河水系水资源、水环境和水生态及地质灾害情况，逐步建立其长江流域野外科学站网，凝练科学问题，进行原创性的科学观测和研究，回答社会关切，培养年轻的学科带头人。

2012年科学考察是2010年长江委江源综合考察活动的一种延续和深化。其余，在2010年长江委就计划在考察完沱沱河后，再进一步考察通天河。但由于经费、时间不足，特别是沱沱河考察结束后大多数一线队员十分疲惫，连续作战已经不可能，所以暂时放弃了通天河考察。所以，2012年长江科学院考察的重点区域是从玉树到沱沱河与当曲汇合口之间的通天河。如果说2010年长江委综合考察到达了长江源正源——姜根迪如冰川，长江流出第一滴水的地方，难度是进入无人区，那么本此科学考察的重点是沿长江源区的通天河和澜沧江的扎曲建立野外科学观测站点，为将来长期定点观测确定具体位置。

「长江源纹理」

本次科学考察特点是：①携带的科学仪器多，包括移动的地面测量系统、无人机空间测量系统和移动气候观测站、水质、泥沙、水生生物、土壤侵蚀和地质地貌观察仪器。②时间长、考察点多、测量范围大、停留时间长。我们设有10多个观察点，每个站点至少停留1小时，最长达数小时，还要放出无人机在2小时内测量几十平方千米的地貌特点。③考察人员专业涉及面广、人员层次高。在19名科考人员中，有博士学位的11人，专业包括水资源、水环境、水生态、土壤侵蚀、地质、水利工程、空间信息等，还有专业记者随同采访报道。

本次科学考察得到长江水利委员会、青海水利厅、青海气候局的指导、支持，考察活动在青海省水文局、水科所帮助下进行。

2012年7月26日8点，我们的两台仪器设备车从武汉出发，7月27日10点30分大部队从武汉飞往西宁，下午3点达到西宁机场，青海水文局局长严鹏、水文局办公室主任朱延龙、青海省水科所任所长、曹副所长到机场迎接考察队，然后住进青海省军区招待所，做出发前准备工作。

跳升的血压

「通天河景观」

上次科考已经说过，血压是判别谁能登顶的重要依据，所以，本次科考我专门带了一个血压计，这样可以随时考察血压的变化，看看适应高原的能力。

刚到西宁体检时，我的血压是84/128，比在武汉略有增加，在西宁停留两天，血压始终在85/130之间，心跳稳定在64。来到黄河源区的马沁县下大武乡，那里海拔4200米，不久，测量血压，93/160，吓我一跳，怎么升得如此之快，心里不免有些紧张，再等半小时，血压就降到84/136，当晚上睡觉前和第二天一早，血压一直稳定在84/130，心跳73左右。来到玉树称多县，在没有吃任何降压药情况下，血压始终稳定在84/120左右，看来血压已经稳定。

我们长期生活在低海拔的人到高原来，血压升高是正常现象，人体靠增压弥补供氧的不足。血压剧烈变化本是正常现象，何况进入高原，看到美丽的景致，心旷神怡，心情会自然激动，尽管我们反复要求不要激动，但在高原上难免不会有跳升的血压和跳动的心情。

藏民新生活

三江源地区的本地居民主要是藏族，也有少数蒙古人，特别是离开公路的农村地区，基本都是藏民居住区，而汉族人一般都住在城镇和公路沿线的驿站，而且与藏民混合居住在一起。

「到青海湖边旅游的藏民」

除少数居住在农耕区的藏民耕作青稞等作物外，绝大多数农村的藏民靠放牧过日子。在三江源有大片草地和布满草地的坡地，适宜放牧。沿路看到最多动物就是藏民的牦牛和羊群，偶尔有少量马匹。由于牛羊产品价格近些年来大幅增加，如一头羊可以卖1000元以上，一头牦牛可以卖几千元，所以，养牛羊很容易致富。从牧民放牧方式上看，传统藏民放牧都是骑马，而现在骑摩托车，甚至开着汽车放牧，在三江源随处可见藏民将车停在草场边。听说他们常常手上拿着望远镜，开着车放牧，而住的房子也是由政府资助建设的定居房。在城镇中的藏民多数是开餐馆，或是开旅店，与汉族人一起经营着自己的生意。如我们在称多县住的就是藏民开的旅店，吃饭也在藏民开的餐馆，但大厨是四川人，做的饭十分可口。玉树大地震后，国家给予该地区大量的援助，进行灾害重建，我们路过的玉树，到处都是建筑工地，通往玉树的公路有大量建筑车辆往来，我们住的称多县城完全是一个大工地，藏民都在建新房，看来绝大多数藏民已经富裕起来了。

通天河印象

8月2日，我们从称多县出发，沿称多河向下游走向通天河，再沿通天河向直门达水文站前进，路途大约100千米。

从称多县到通天河是沿称多河在山谷中行走，称多河是通天河支流，因为这些天的降雨，河流水流湍急，水体浑浊，两岸山体高差300～500米，山体秀丽。当我们来到河口进入通天河时，看到通天河两岸山体高耸，河谷宽阔，水流同样湍急和浑浊，只是流量更大，体现了大河的气魄。这就是长江的干流，其水量之大、山体和河谷之雄壮堪称世界大河之最。看到如此美丽场景，我们无不为之而自豪。

沿通天河的道路崎岖而窄小，只能供一辆车行驶，遇错车则必须在略微宽处等待对方通过才能启动。好在这里行车的司机都很有礼貌，能够相让而行，也许大家被通天河美丽的景色所感悟，心胸更加宽容和善良吧。

我们继续前进，就发现河岸边开始出现采砂场，美丽的河床和河岸遭到开挖和隔离，再往前进，对岸也出现公路，两岸不断出现采砂场，大量侵占河道和河岸，状态令人吃惊。我初步估计，在这70千米的通天河段，大量有1/3的河段被采砂场破坏。在海拔3500米以上的天河上，竟然有如此严重的河道侵占和破坏现象，让我惊讶万分。无以伦比的蓝天、白云和秀丽河川与破损的河道完全不匹配、不协调，要知道这里是国家自然保护区，怎么会这样呢?

虽然这里是藏区，老百姓需要尽快致富，玉树地震重建需要大量建筑砂石，但当地政府应该注意科学规划，有序利用，不然，我们将失去自然而美丽绝伦的河流。

最辛苦的考察队员

8月2日，我参加了水环境所现场采样活动，体会了高原科学考察的辛苦程度，而我认为本次科学考察最辛苦的队员就是水环境所的赵伟华博士，一位毕业于中国科学院水生生物所的生物学专家。

在通天河曲麻莱河段，我发现一处有大片植被的河滩湿地，该地不仅有急流主泓区，而且有缓流区，甚至有一块回流静水区，是块典型的河流湿地。我向赵博士建议，这里栖息环境复杂，生物多样性可能会丰富，最好在这里采样。但困难的是，该河滩湿地与小河口距离路边很远（几百米），而且要穿越一片充满沙刺和沟渠的湿地。要知道本地海拔 4200 米，走路都会气喘，而他携带许多采样工具和仪器，得 3 ～ 4 人提携。所以，我们一行 5 人随他前往小河口。走了一半，就遇到一条宽 3 ～ 4 米，深几十公分的小沟渠，只有他一人穿着橡皮裤，可以蹚水而过，我们无法过去。我说，你一人进去，我们就在这边等你，他且说道：我背你们过去，我们在云南采样时也是这样的。我说，这怎么行，这里是高海拔地区，走路尚且困难，你怎么能背我们呢？他说，不要紧，说着就分别将我们 4 人背走 10 余米距离，将我们运到干燥的滩地，而且回来时也同样如此。要知道在海拔 4200 米的地方，他背负 130 斤以上重量在水中走了近 80 米的距离，可不是常人能够做到的。

来到小河口，我们在岸边协助他，帮助做记录，整理样本、提供工具，他一人在水中使用各种工具和仪器，采集鱼类、底栖动物、浮游生物、水体、泥土等样本，而且使用仪器测量不同部位水质参数，一工作就是近 1 小时。结果我们采集到了本次科考以来最丰富的样品和数据，包括 10 多条各类珍稀鱼类样本。

这还不算辛苦，一般我们考察回来，都会抓紧时间休息，而他每天回来后还要花费数小时，分拣和处理样本。每次离开驻地时，他背的东西最多，耗费时间也最长。我被他的为人及工作态度所感动，要知道他还是一名来院才两年的年轻科研人员，但他在本次科考中承担的任务和工作最重，是我们科考队最辛苦的人，从他身上我看到了一名追求科学精神和脚踏实地做工作的杰出科技工作者的身影，他是值得我们学习的榜样。

「在高原湿地中采样的赵伟华博士」

英雄车队

本次科学考察成败的关键是我们能否在颠簸崎岖的高原路上安全行驶。我们选择了张永领衔的西宁极地户外拓展有限公司的车队，这也是成功承担长江委 2010 年江源综合科学考察任务的英雄车队。

车队队长是上次科考两上姜根迪如冰川的陈林师傅，别看他年近 60 岁，肤色黝黑，可能是长期在高原开车的结果，但他体格健壮，性格开朗，一听表扬就会害羞。对于青藏高原路况十分熟悉，如什么路可行；从哪里到哪里有多少千米，需要行驶多少时间；哪里在修路；何时何地车队需要加油等情况，他都了如指掌。每次开车，他都作为头车，不仅在前探路，而且不断通过对讲机提醒后面的司机，通报对面来车、错车、险情路况等情况，不断发出预报车队可能会出现的险情，使我们的车队始终保持在安全状况，他应该是立了头功。

「英雄车队司机们的合影」

这个车队最大的特点是司机们不仅为我们开车探路，而且为我们提供吃、喝、住、行等一切后勤服务，同时还帮助我们做些科学采样中耗体力的活。当我们在车上打瞌睡时，他们在开车，当我们进入驻地，他们为我们安排房间，然后检查车辆情况，或者集体出去加油，行动完全像军队作风，严格、有序（其实车队中有近半司机有过参军经历）。

每到驻地，他们给我们安排好的房间，他们住差的房间，常常 2 ～ 3 人挤住在一起。几次露餐，他们不仅为我们做饭、添饭，让我们先吃，而且饭后洗碗洗锅，清理现场垃圾，提醒我们保护好高原的环境，他们的行为真正体现出中国工人阶级优秀的品质，使我们深为感动，也是值得我们好好学习的。

张永经理是军人出生，话语不多，但做事细致、塌实，没有一般商人作风，反倒像一位热忠于探险和服务的文化、地理和环保爱好者。他熟悉青臧高原，在该地区有着广泛的人缘，到处都有他的朋友，为我们做了详细而周密的安排。他不仅亲自参加了全程的科学考察，而且总是作为前站组为我们安排好前方的考察地点、住宿和吃饭（或者为我们做饭）。像这样的公司，做一次服务，就创造一个“里程碑”，树立了一个品牌，我祝愿该公司兴旺发达。

考察印象

本次江源科学考察从黄河源头附近的西宁出发，跨越巴颜喀拉山，来到唐古拉山北麓——澜沧江源的杂多县，再过容纳通天河与黄河源头的曲麻莱县，然后三跨长江北源——楚玛尔河，来到长江正源——沱沱河，最后探询长江南源——当曲与沱沱汇合口——囊极巴陇，再跨越昆仑山，回到格尔木，行程3700多千米，尽览三江源风貌。

三江源气候只有夏冬两季，夏季只有7—8两月，而冬季可以长达10个月，江源地区年平均气温低于零度，当武汉被高温“烤焦”之时，我们常被夏季的江源冻得“发抖”，爬上山口或者晚上，江源地区寒气逼人，江源都是冬天。

本次科考正好是高原的雨季，降雨较多，几乎每天都遇到降雨出现，在5000米以上则还是降雪，江源高山上仍然白雪皑皑，一点不像夏季。今年江源区降水偏多，正是黄河、长江和澜沧江的汛期，不仅水量和流速较大，而且河水含沙量较大，特别有趣的是长江源水系的水比黄河源水还浑，可见在三江源地区，长江源水土流失更严重。沱沱河、楚玛尔河及通天河水最浑，含沙量最大，而通天河下游流量已经超过2000立方米每秒，可以堪比黄河下游流量。在通天河，不论其水量、河水流速和河谷气势，都可以看出它是一条大河。但大家都没有想到的是：在冬季，长江源的水

「冻土」

其实还是很清的，但我们不能因此而忽视江源区水土保持工作。江源区由于地势高和风力大，植被主要是草地，5000米以上不是雪线就是裸露的岩石，没有植被，所以降水很容易引起水土流失。

上次科考时，江源已经被大雪和冰川覆盖，满地是白色，而此时，除5000米以上外，基本都是绿色，高原及山体都是藏民的牧场，只是由于过度放牧或者鼠害，相当多的草地质量不好，或呈斑块状，或极其贫瘠，加重了水土流失。

另一个让我印象深刻的是，由于冻土层两季变化的影响和大量重载车川流不息，江源区公路路面到处起伏不断和破烂不堪，每时每刻都需要修补，公路维修成本极高，由于颠簸车辆折旧快，运输成本高。总体感觉高原冻土问题十分突出，基本没有得到解决。

江源区高原和河谷极其宽阔，再加上空气干净，一眼可看尽几十到上百千米，使人心旷神怡。天地一线，云低咫尺，变化无常，无处不是一个绝佳景致。当然到后来，由于长途跋涉的辛苦和高原反应的不适，会产生审美疲劳，对美景会熟视无睹。

别看高原缺氧、环境恶劣，人类活动仍然日益强烈，青藏公路的繁忙程度决不亚于低海拔地区，大货车常常像火车一样，一辆接一辆，再加上采矿、旅游、探险和运输的车辆，可以说是川流不息。只要有路，旁边就有一排排电线杆或者高压输电塔，将大美景观损坏不少。最难堪的是公路沿线驿站不是厕所卫生条件极差就是干脆没有，粪便和垃圾随处可见，这些情况与蓝天白云极不协调。当你到玉树地区各城镇，基本都是建筑工地，到处是塔吊和脚手架，晴天满城灰尘，令人窒息，基本是“光灰城市”，水土保持和城市管理任重道远。

当然，到了无人区，情况大为缓解，但道路崎岖颠簸，仅有的土石路时有时无，前进速度不过20每小时千米，真可谓，看好景要有代价。而人类可爱也可恨，有人去过的地方，就会有垃圾，就会有污染，但没人地方，美景又留给谁看呢？

江源的野生动物

早就听说江源有不少珍稀野生动物，所以，每当遇到野生动物时，司机就会放慢车速，甚至停车让我们拍照，野生动物生活状态是考察江源生态环境状态好坏最直观的表象。

由于考察路线主要沿着公路或者简易公路进行，而公路边也是人类活动影响最大的区域，所以见到最多的野生动物是高原老鼠，不仅其数量最多，随处可见，而且对于高原草场退化、土壤侵蚀和生态平衡影响巨大，高原鼠害已经成为江源生态环境退化最突出的问题之一。江源老鼠与内地老鼠不同，他们体格不大，尾巴很短，但繁殖力极强，在一些草地每平米就有上10个鼠洞，他们常常穿越公路，好像什么都不怕，我看高原鼠害成灾的主要原因是老鹰等天敌很少，成为江源绝对优势物种。

「高原生灵－藏羚羊」

「高原生灵－牦牛」

见到第二多的就是旱獭，体格比野兔大而肥，他们与老鼠生活在同一地方，其食物同老鼠一样，主要是草，但数量比老鼠少很多。再其次见到比较多动物是黄羊、藏野驴、藏羚羊等，但见到的数量很少，常常是几只，与人类放牧的牦牛和羊群数量不能比。当然偶而还见到一些不知名的鸟类。

经幡

在三江源，只要走到公路的山口，必定会有藏民悬挂的彩色“经幡”妆点山头。只要走过藏民的村落，附近山上，甚至整个山头都会有各式的经幡，将山顶遮盖，他们不仅十分尊敬高山，还相信飘动的经幡就相当于自己在不断地诵经，得到菩萨的祝福。

只要到湖边或者山边，你会看到用石头堆积的祭祀建筑物，每一块完整的石块或者石面上都会刻上六字真言，也称六字大明咒“唵嘛呢叭咪吽（OM MAN I PADME HUM）”，是大慈大悲观世音菩萨咒，源于梵文，象征一切诸菩萨的慈悲与加持。藏民们从不打鱼、吃鱼，喜欢满是云朵倒影、蓝色而平静的水面，藏区的每个湖都称得上是圣湖。

当你来到大型寺庙，一定会看到大量的藏民信徒在门口及走廊，找一块空地，不停地以“五体投地”方式拜天拜地拜菩萨，听说要拜十万次以上，耗时半月或者一月。这些藏民信徒无比虔诚的行为不由得使我们敬佩。他们敬天敬地敬活佛，更敬菩萨。在通天河，我们路过一个小村落，看到一群藏民，包括小孩，穿着新衣，手上拿着旗子，在等着活佛的到来，看到他们兴奋的样子，他们是真心向佛。

青藏高原不仅有蓝天白云，更有极寒天气、大风、大雪和缺氧的环境，在这样恶劣的环境中，要生存是极不易的，战胜这样恶劣的环境，靠与天斗是不行的，必须尊重自然和崇拜自然。在藏民们的心灵上，拜天拜地拜菩萨有其必然的需求和客观上的要求，是文化与自然和谐的象征。再看看藏医药、唐卡、藏金轮、“次仁金克”民族帽和酥油茶，其文化符号源远流长。藏文化与青藏高原环境条件是天生的匹配，值得我们保护，应该受到尊敬和尊重。

当曲和澜沧江源考察

考察情况

2014 年，长江科学院科学考察的主要对象是长江南源——当曲，而当曲与澜沧江源区都处在同一地区——杂多县。当曲上游基本是无人区，而且大部分区域位于杂多县，但包括县城在内主要人口基本都居住在澜沧江源区。杂多县城不仅坐落在扎曲边，而且也称澜沧江第一县，因为澜沧江源头发源于该县，这的与曲麻莱县类似。所以，要想考察当曲源头，必须从澜沧江源区出发，这样，当曲考察自然与澜沧江源区考察一并进行。

经过半年的准备，我们于 2014 年 7 月 18 日从武汉飞往青海西宁，再从西宁飞到玉树，从玉树坐上张永车队的车开往杂多县，开始了当曲和澜沧江源区的科学考察。由于本次科学考察年轻人比较多，而高原病优先选择的就是耗氧量大的年轻人，所以，他们已于前天赶到青海玉树（3700 米）做高原适应性准备，这是科学的。

本次江源科学考察是长江科学院继 2010 年长江委组织江源科学考察后的第三次。2010 年江源考察的重点是长江正源——沱沱河，其标志性的成果是到达长江的源头姜根迪如冰川——长江流出第一滴水的地方。当时考察队伍规模大，有近百人 20 多辆车参与，但真正登顶的人只有 20 多人，即 1/4 人上去了。由于高原病的困恼，一路上不断有人被迫下撤。2012 年江源科考重点是通天河，我们几乎沿通天河走了 100 多千米，当时带了大量科学仪器设备，采集了大量生物、土壤和水质标本，还带了无人机，自动测量车等，取得丰硕成果。

「冰凌」

本次科学考察一行近 20 人，参加者有水资源、水环境、河流、空间信息、水土保持、地质等方面的专家，绝大多数具有博士学位，由 4 位教授带领。当然为了保证安全，我们带了一名医生，为了报道本次科学考察，中国水利报派了一名主任记者随行。因为我们有 2 ～ 3 天进入无人区，为了保证在无人区通信的畅通，我们还带了海事卫星，可以说我们做了充分的准备。

当曲源头虽然没有姜根迪如海拔高，但沼泽面积大，很难深入，所以，到沱沱河、各拉丹冬探险和科考的人远多于当曲，据杂多县旅游局的达英局长说，我们是到当曲第三支正规的科学考察队，到目前为止，到过当曲腹地的外地人可能不到 200 人，那里还是一片处女地，相关的科研成果极少，所以，当曲充满魅力，也充满危险。

通往当曲

5 月 19 日早上，我们从西宁乘飞机 1 个多小时到达到玉树，这比坐车快 6 ～ 7 个小时，可见现在的科学考察条件比前辈们方便多了。一出机场，我们的大部队及张永的车队已经在机场外等候，张永按照藏族的习惯给我们每个人献上了彩色的哈达，这与白色的哈达显然不同。还不来得及欣赏哈达，我们就被玉树的蓝天白云吸引住了，感觉进入了“真空”。这里的空气质量实在太好，加上青山秀水，仿佛进入仙境，太漂亮了。我们这些生活在长江中下游的人近些年来一直被雾霾困恼着，虽然有高楼大厦，但到处都是灰蒙蒙的，看不到真面貌，而突然来到这么纯洁的空气中，没法不激动，拍照合影忙个不停。

「当曲」

再看前一天来到玉树的年轻人，绝大多数精神面貌还行，但多数人嘴唇乌黑，多少有些高原反映，个别博士昨晚没有吃什么东西，有一人拉肚子，总体还行。看来，要想到看蓝天白云也是要有代价的，为什么不将我们家门口的空气也搞得像这里这样呢？我们会一直期待。

中午我们一行就在机场附近一个草地接待处吃午饭，菜做得不错，只是肉太多了。吃完饭，我们向杂多进军。

杂多县对于内地人来说还十分陌生，但只要知道这里有藏区最好、产量最高的冬虫夏草，号称中国冬虫夏草第一县，你就知道它对于该县经济的重要性。现在县里经济收入的95%来自冬虫夏草，当然，杂多虽然是一个县，但其面积有33000多平方千米，而人口仅5万多，真是地大物博，人烟稀少，该县也是江源之县，当曲（长江）、澜沧江和怒江三江都有河流的源头都从该县流出。

从玉树出发，跨过朵拉朵垭口（4493米）就从长江源通天河流域进入澜沧江源区，再跨过澜沧江源区才能进入当曲。由于此时正是雨季，天空不时降雨，不时又看见太阳，甚至太阳照着还下着雨，这就是江源气候特征。进入澜沧江源区后，我发现这里不仅植被良好，大地一片绿色，而且山体险峻而秀丽，风光极佳。

下午6点，我们到达杂多县城，有两个年轻人高原反应强烈，晚饭也没有吃。明天我们向当区腹地——查旦乡出发。

查旦乡

极地科学考察不仅需要精细的组织和队员们良好的身体素质，更需要强有力的后勤保障。本次考察当曲和澜沧江源都是无人区，车辆、吃、住、医及应急预案都十分重要，这得益于张永团队的精心准备。当曲是典型的沼泽无人区，夏季虽然氧气条件好些外，但不停的降雨增加了科考的风险。为了探明路线，张永车队去年就到当曲实地考察，确定考察路线，发现当曲腹地——查旦乡已经通路了，可以在该乡建立大本营。就在我们出发前一周，张永及车队就派人来玉树州、杂多县及查旦乡，采购物资、联系地方政府的支持，请向导等，做了大量前期准备工作。

查旦乡虽然是一个乡，但面积却有9000多平方千米，比武汉市还大，全乡人口仅1000，其中常住人口500左右，住在乡政府所在地的两个村只有100～200人，周围都是无人区。这里只有一个很小的学校，没有电，但有一个光伏电信基站，有电信信号。为了考察队到这里有住地，张永团队说服村政府将党员活动室租借我们，一间大厅加三间小房，住着我们一行 30 人，大多数同志住通铺，即使这样，也比住帐篷好多了，早餐和晚餐自己做，中午在路上啃干粮喝矿泉水。

20 日早上 8 点从杂多县城出发，到查旦乡虽然只有 200 多千米路，但我们的车队却走了 7 小时，平均每小时仅走 30 千米，因为路况实在差，而且不时降雨。到达驻地，一查这里的高程：4770 米，比沱沱河还高 200 多米，高原反应开始折磨我们大多数人，有发烧的，有拉肚子的，有呕吐的，连我这个多次上高原的“老兵”也感到头疼，浑身发冷和疼痛，一天到晚手脚冰冷，就像重感冒一样。问医生说是正常的，而且血压 90/130，在高原是很好的，但测量血氧含量，只有 50% ～ 60%，显然，我也患高原病了，只是比年轻人反应好些。由于住宿地没有自来水，司机从老远挑来点水仅够烧开水和做饭，没有洗脸洗脚水，再加上大家都很疲劳，基本都没有洗就睡了。

到查旦的第一晚，我头上像悬了块石头，一点睡意都没有，实在睡不着，早 4 点就起床穿好衣服到外面，这样感觉好些。外面一片漆黑，刚开门就发现两个藏獒伏在门口，吓了一跳，好在我不怕狗，而且这些藏獒也还温和，上完厕所回来和衣而坐，等待天亮。到 5 点我实在睡不着又出门，发现外面仍然漆黑，但听到有牲畜声音，走近一看是一群牦牛在门前休息。过一会儿，发现一对母女正在忙活，母亲给牦牛挤奶，女儿给小牛仔戴口罩，似乎是控制小牛吃奶。忙了半个多小时，天开始亮了，看起来只有 10 多岁的女儿拿着鞭子赶牛群出去吃草。当我们吃早饭时，母女俩又回到牛场收拾牛粪，将牛粪堆砌晾晒作为冬季燃料，看完这一切，我感受到藏民是勤劳的，而养牛的技能自然是代代相传。

清晨，这里天气仍然有寒意，只有几度，藏民们还穿着棉衣，我由于一夜未眠，头脑疼痛，一身不适的状态准备开始最辛苦的征程，今天我们要探索当曲源头。

当曲

为了保障当曲科学考察的成功，我们不仅有张永铁司机团队作为后勤保障，杂多县县长还特别推荐了两位经验丰富的藏族向导。一位是杂多县旅游前局长——达英，他生在查旦县，是土生土长藏族同胞，藏语比汉语好，已经用藏语出版过杂多文化方面的专著，不仅书写过这里的三江源区的山山水水，而且对于杂多县藏传文化了如指掌。一路上他不仅指导我们考察线路，介绍自然地理和人文情况，还是个摄影爱好者，拿的“长枪大炮”摄影设备比我们的都好。另一位是杂多县统战部的多杰科员，他在内地学习多年，普通话和英文都十分标准，他也是环境保护和探险爱好者，两位的到来给我们完成科学考察奠定了重要保障。

「当曲大沼泽」

7月20日下午我们到达查旦乡，大家休息了一小时就出发到当曲中游第一个考察点——当曲1（考察前规划的观测点），进行现场采样，立碑。开始以为离大本营很近，结果开车1个多小时才到采样点，有50千米远，这里有一个大桥，是1995年修的，据说可以通往西藏的那曲。当曲看上去水流湍急，流量相当大，大家多多少少有些激动。根据专业分工，队员们开始采样，我们在桥头立碑纪念。晚上，大家一起商量明天的安排，如果想要更深入当曲源头，需要更多的时间，估计来回需要13小时，这可考验我们向导认路的本领和我们的体力，因为进入4700～5000米高程的无人区，什么样的风险都要考虑。

21日早晨，在向导的带领下，我们一行5台车出发，留下3台车及司机。这样做的目的：一是为了节约用油，由于查旦乡没有加油站，我们两天的油就靠车队在杂多加的，得轮流着用。二是留下的司机要担任炊事员，负责30人两天7餐饭。这样我们的每辆车都坐满5人，挤得满满的，在颠簸的路上更增添了考察队员的疲劳感。没有办法，为了考察成功只有这样。

出发第一战，开车越过16千米的沼泽地到达当曲2观测点。这里也

「当曲上游湿地中的藏羚羊」

有一个大桥，据说是两年前修的，但桥面已经变形，桥基也被冲刷，已经算是危桥了，看来是个豆腐渣工程，设计和施工都有问题，也可能这样自然环境恶劣，建筑物容易损坏。大家采完样后继续沿当曲边向上游进发，越走路越模糊，已经看不清是否有路，不时跨越小溪和沼泽地，到后来完全看不见路，就凭达英局长看地貌（高山等）试探前行。4驱8缸的越野车发挥到极致作用，一会走河道，一回爬上山。每当爬上山顶才可以看清下一步前进方面，我们的目的是尽量向上游前进，接近江源。经过4小时摸索前进，终于到达当曲3观测点，大家忙着采样，立碑，这是我们本次考察的基础目标。就在这时，有人发现前方有台施工机械在修路，这为我们提供一步向上的可能。经过讨论，我们决定派2台车继续探索前行，大部队留下采样，保证基本任务先完成。这样，我们两台车继续向前行驶16千米，来到当曲源头两大支流汇合点，这就是我们事先规划的当曲4采样点，这里离真正源头不到5千米，再向上没有任何道路可行驶了，只能步行。据达英局长介绍，如果走到源头来回得2个多小时，而此时已经是下午3点，我们已经精疲力竭，午饭也没有吃，已经无法再在海拔4900～5000米的地方步行两小时了。考虑到回到大本营还得4～5小时，就这样，我们止步在离源头5千米地方，并圆满完成了在当曲4个采样点的任务。根据达局长等人的介绍，来到这里的外地人比姜根迪如冰川还少，只有《国家地理》及极少数探险者，到达当曲4地点的科研人员不超过20人，我们可能是水利人中走到当曲源头最深入的人，应该感到自豪了。

澜沧江源区

杂多县不仅是三江之源县（长江、澜沧江和怒江），更是澜沧江第一县，因为杂多县主要人口、虫草产区和畜牧业都集中在澜沧江源区，所以去当曲考察必然要经过澜沧江源区。在考察完当曲源头曲从查旦乡回杂多县路途中，我们开始一天的探索澜沧江源头的里程。

22 号早晨，我们清理好大本营后，从查旦乡出发不过 1 小时就到达两江源区的分水岭。在分水岭处，我们停车下来，再次回眸广阔的当曲湿地，告别牵挂着我们心怀的当曲，希望今后我们能为当曲湿地的保护做出一点贡献。

澜沧江源头来自何处一直存在争议，依据不同源曲，澜沧江长度也不同，至今没有定论。不过，尽管澜沧江源区水系十分复杂，水流来源多，但较大的源曲主要有两条：一是西源扎那曲的霍华珠地，从长度看，要长些，水量也很大，19 世纪外国探险者到澜沧江探险将大本营立就现在的莫云乡，也是扎那曲流经的地方，一直有澜沧江源头之称。二是北源扎阿曲，发源于唐古拉山北侧的扎纳日根山脉，该源由于达赖喇叭五世曾经住过，影响极大，被当地称为文化源，另一个发源于吉富山，被称为地理源。据随行的达英局长介绍，目前北源扎阿曲也有两个源头，也有文化源和地理源之分。我觉得这样称呼可能更合理。

因为江源之争有自然因素，也有传统习惯和历史文化等多方面的因素，在自然因素方面，能称得上江源的必须在长度、流域面积、流量和走向等四方面有占先因素，但四因素各占多少权重，目前没有公认的标准。从文化传统看，古人先发现、古代名人生活过、地区居民长期习惯、有著名地理人文特色甚至传奇等文化因素都可能被确定为源头。

我们从查旦到莫云乡一路道路还可以，行车 1 个多小时就到了莫云乡的扎那曲边，导游到乡里去了解下步路途情况，我们就在扎那曲边开始采样。扎那曲此时水量很大，水体含沙量也大，水流湍急，真有大河源头之气势。采完水样、水中和岸坡生物标本后我们赶到莫云乡与向导车会合。我们下步目标到两大源曲汇合处——尕拉松多。从莫云到尕拉松多的道路崎岖，十分难走，而且沿路景观与当曲存在明显差距。一是这里多是黄土、红土山体，水土流失严重，山坡植被差；二是山高陡峻，深切山谷山沟多；三是牧民稀少，牦牛少。从莫云到尕拉松多我们花费 3 个小时，沿途多次跨越河流，高山峡谷，好在没有下雨，如果遇到下雨，不仅道路湿滑难行，而且无法跨越山洪沟或者河道。快到下午 1 点，当大家已经饥饿难忍（早上每人仅吃了一碗稀面条），而且疲惫不堪，车来到一片十分开阔的两曲汇合处，这里景致的壮美和广阔使我们每个人都激动不已，以致完全忘记了疲劳和饥饿。一下车就忙着拍照，发感叹，可以说这里的美丽壮观比我所见到的所有景致都佳，我对多杰说，这里的景致堪比我国绝大多数的 5A 风景区，当然来到这里也真不容易，看到如此壮观的风景，每位考察队员都觉得不枉此行。

「尕拉松多」

我们在两曲汇合口——尕拉松多待了近两小时。在这里大家一起吃上了司机头天晚上为我们准备的凉面，加上菜和牛肉，大家吃得十分开心。在如此美丽的地方吃野餐，无论吃什么都开心，何况凉面做得的确不错。吃完饭大家开始分头工作，采样、收集标本、立碑等。这里除了有一座藏传佛教白塔和经幡外，没有任何建筑物，我们的考察纪念碑立在这里再合适不过了，这里是澜沧江两源汇合处，汇合后称为扎曲，已经是没有争议的澜沧江源头，这里从此有我们长江委人树立的纪念碑。

澜沧江源区的美与当曲不同，虽然植被不如当曲，但它的险峻、山体形态奇异、色泽鲜明和壮观大气的风景绝对是值得冒险去欣赏和品味的，绝对是举世罕见的美，是江山如画，更美于画的绝佳之处。

23 日，考察队伍从杂多县城出发，向囊谦扎曲香达段前进，途中遇下雪，车外气温仅 1 度左右，浅薄的白雪覆盖了沿途的山坡，使我们经历了 7 月下旬的高原降雪过程。当我国东部进入酷夏，当武汉遭遇 37 度高温的时刻，家人听到我们遭遇降雪，期望这里的降雪给他们带来透心凉的感觉，但实际上我们得穿上冬装抵御寒冷，这不仅说明我国地区间气候差异巨大，而且反映出高原独特的气候特征。

经过 5 小时的车程，到达囊谦，吃了午饭后，尽管遭遇下雨，但我们的考察队仍然坚持在扎曲香达段进行综合观测。该观测点是 2012 年确定的永久观测点，也是第二次多专业综合观测。观测完毕再开车 3 小时到达玉树，小分队再到达直门水文站采集样本，到此，考察队完成了第二次江源综合考察任务。

考察感想

本次科学考察虽然时间短，但深入两江源头区范围仍然较大，据长期从事三江源考察接待工作的达英局长说，我们是过去 30 年中第三个深入当曲腹地进行综合科学考察的队伍，也是水利系统第一次深入当曲进行综合科学考察的队伍。实际上，1978 年长江委组织的第二次考察中一个重点就是当曲，他们是第一次正式当曲考察队伍，其次是 2008 年青海省测绘局和中科院刘少创团队，我们算是第三支考察队了。通过本次考察，个人的感受颇多，初步印象有：

第一，7 月的当曲一片绿色，尽管考察路线和大本营位置全部都在 4700 米以上，但感觉比 4500 米的沱沱河要好，河流水系、湿地、草垫和草地给大气不断补充大量的氧气，使这里充满生机，即使在海拔 5000 米的高地，仍然是山花烂漫，湿地保护区内野驴、黑颈鹤、猞猁、黄羊等珍稀动物时常出没，当曲是青藏高原生物多样性最丰富的地区。

第二，当曲人类活动影响程度超出我的想象。原以为此时是雨季，河网密集，沼泽遍布，人类无法深入，应该是典型的无人区。但现场考察发现，即使在沼泽深处，藏民的畜牧分区铁丝隔栏已经将无人区划分完毕，不时会发现藏民的“夏窝子”（藏民夏天放牧驻地），这些驻地不仅配有帐篷、太阳能发电装置，而且多数都有皮卡等小汽车。牧民的摩托化和汽车化使当曲地区土路遍布，已经有三座跨当曲大桥，具有跨县域的初级交通道路网，人类活动已经深入到过去被认为是禁区的地方。使作为三江源保护区核心区的当曲，生态环境保护任务艰巨。

第三，当曲地域广阔，水系发达，水循环机制及生态环境响应关系复杂，而气候、地质、水文和生物等科学观测及资料极少，是科学研究的空白区，许多科学问题尚待解决。

第四，杂多县全县都处于三江源国家保护区核心区域，但作为中国冬虫夏草第一大县的地位已经深刻地改变了传统游牧业格局及藏民的生活水平和方式。目前杂多县年平均每户家庭通过采集虫草收入少则4万～5万，平均10多万，多则到达百万，而一头牦牛可以卖到几千甚至上万元，使当地藏民迅速致富，多数藏民在城镇有政府补助的住房，在草原保留着不同类型的“夏窝子”和“冬窝子”，摩托车和汽车已经进入绝大多数家庭，并取代马匹成为藏民放牧、运输和交通的主要手段，甚至中小生上学都有自己的摩托车、电动自行车，牧民劳动强度减轻，劳动时间减短。如每年冬虫夏草采集时间在5—7月间，城镇居民空闲时间很多，需要发展教育、文化、旅游和休闲等第三产业，提高藏民适应富裕生活的方式，改善城镇居住环境。

第五，对于平原人来说，来到高原，开始都会患有不同程度的高原病，但绝大多数都可以平安度过不适期。我们连续组织多次高原考察，参与人数近40人，没有一人因患高原病而提前退出科学考察，这里面包括年轻人、中年人和接近花甲的人，也包括女同志和平时身体处于亚健康的人。根据我的体会，只要注意高原生活和工作方式，基本都可以平安度过中短期时间（5～10天）高原缺氧环境。以我的指标统计来看，刚到高原（3600米）的第一天，血氧含量85%～90%，血压80/120, 心率80；第2天（4100米），血氧含量70%左右，血压85/130，心率90；第3天（4700米），血氧含量53%，血压90/135，心率100；第4天（4100米），血氧含量80%，血压85/130，心率95；第5天（3600米），血氧含量90%，血压80/120，心率80。指标的变化过程也伴随的高原病的轻重，说明到高原并没有传说的和想象的那么可怕。

长江源——当曲

我们的考察队伍全部平安回汉，计划已久、行动很快的当曲科学考察终于结束了，接下来就是整理、测试和总结考察成果。人虽然回来了，但身体还在恢复中，脑子里还在想着当曲。

古代，行走一次当曲可能需要几个月，据说1300多年前，文成公主进藏走的是唐蕃古道，就是从当曲腹地穿过进入西藏，至今处在青藏交界附近的杂多县仍然留下不少文成公主遗址和传说，说明当曲从古就有人类活动，也是古代进藏主要通道。可能是后来青藏路走通以后，走唐蕃古道的人少了，再加上当曲有大片沼泽湿地，即使骑马穿越也十分困难，到几百年前，除当地和附近的藏民外，几乎没有外地人再穿越当曲。所以，300多年前的康熙年间，朝廷派官员和技术人员到当曲考察和测绘中国地图时，由于高原缺氧、沼泽浩瀚，水系交错，无法深入，只能远望当曲，描述到“江源如帚，分散甚阔”。据说解放军解放青藏高原时，查旦乡是反抗武装最后的据点，这里几乎与外界隔绝，周围都解放了，他们这里还不清楚，可见当时这里是真正的无人区。

搞清当曲水系情况的首推中国人民解放军，在20世纪70年代初，兰州军区组织对青藏高原无人区进行1:10万地图的测绘工作，他们是第一批真正深入当曲腹地进行科学考察的外地人，然后是70年代末长江水利委员会组织的江源科学考察队伍。

长江委当时依据的就是部队绘制的这套地图，并且在部队和当地政府支持下进行了实地考察，给长江南源——当曲水系定位。要知道，当年他们是骑马或者步行进入的，时间都花费了1个多月，克服了难以想象的苦难。长江委考察队在20世纪70年代末曾经试图从囊极巴陇向当曲上游前进，结果被沼泽湿地阻隔，不得不改从西藏出发，翻越唐古拉山东部山口进入当曲源头。而进入21世纪，不仅卫星遥感等现代科学技术进入实用阶段，而且当曲腹地的土路、便道已经贯穿，刘少创团队在2008年乘车进入当曲，杨勇探险队从当曲中游漂流4～5天到当曲与沱沱河交汇口——囊极巴陇外，之后很少有大规模科学考察队深入当曲。此次我们当然也是乘车深入当曲，使考察时间（痛苦时间）大为缩短，考察队员克服高原病的能力和水平也大为提高。现代科考队不仅可以依赖GPS等高新技术准确定位，也可以提高海事卫星电话随时与大本营和内地保持沟通，补给设备如便携式发电机、高压氧仓等给考察带来了通信方便和安全保障。如果组织得好，2～3天内就可以达到当曲任何单一目的地，而且风险也大为减小。现在，光跨越当曲的大桥就有3座，便道或者土路遍布，这些都是藏民放牧时候汽车或者摩托车走出的，进入当曲已经不再困难。

本次科学考察，由于大本营设在查旦乡，有通信信号，我们可以每天与家里保持通信畅通，每天都可以发新闻稿，只是由于作者高原反应，头昏脑胀，无法深入思考进行写作，才不能写出长篇大论，只能发些短信、照片或者微博之类的东西。

在查旦的两天，我们住在海拔近4800米的地方，尽管开始头疼，全身发冷，肠胃也不好，但还能呼吸到氧气。因为7月的当曲一片绿色，看到藏民长期生活在此地，我们待上几天又算得了什么。如果将来有一天，修一条高速路穿越当曲，绝大多数内地人都将可以游览当曲沼泽湿地的奇景。当然修路十分困难，更会给当曲保护带来巨大的压力，但看到人类活动的能力越来越强，进入当曲的步伐越来越快，这种可能性仍然存在。我们算是进入当曲现代先驱之一吧，希望能为当曲的保护贡献些出自己微薄的力量。

长江上游科学考察

通天河过青海省玉树巴塘河口后，往南流入西藏、四川交界的深切峡谷中，至云南石鼓，江流突然折向东北，至水落河口又急转向南，再至金沙江东折，然后几经直角曲折，才逐渐转向东流，知道宜宾岷江口止。这段河流长2300千米，占长江全长的1/3以上，因自古盛产沙金，故称金沙江。

金沙江科学考察

金沙江

金沙江古时曾称为绳水、丽水或者泸水，为长江上游干流区间，上起通天河，从青海巴塘河口至四川宜宾岷江口的干流称为金沙江，全长2300千米，其长度占到长江1/3以上，流域面积34万平方千米。如果分上中下段的话，从青海玉树的直门达至云南丽江石鼓为金沙江上段，走向从北向南，河道顺直，区间流域面积7.65万平方千米，河段长984千米；石鼓至攀枝花（雅砻江出口）为金沙江中段，河道曲折，向北又转向南，然后向东，区间流域面积4.5万平方千米，河段长约564千米；攀枝花至宜宾为金沙江下段，区间流域面积21.4万平方千米，河段长768千米。

金沙江上游与中下游有较大区别，一是上游江段人烟稀少，而且几乎完全处在藏区，绝大多数（95%～99%）居民为藏族。二是自然条件恶劣，干流边人口稀少，而支流虽然海拔高些，但植被好些，甚至有大片原始森林，居住的人也多些。巴塘县以上海拔较高，山高谷深，人烟稀少，巴塘县以下，属于干热河谷，干流两岸植被少，岸线岩石裸露，居住的人也不多。三是干流尚未修建大坝，只有一些桥梁，进藏的热门公路南线G318和北线G317都由东向西进入西藏，人类干扰少，大多数地区处于自然状态。

金沙江从青海流入四川甘孜，有一段是青川界河；然后是西藏与四川界河，西边是西藏昌都地区，东岸是四川甘孜藏族自治州；再是云南迪庆藏族自治州德钦后，又成为滇川界河，穿越云南西北，到攀枝花后又成为滇川界河，金沙江在云南省段有1560千米，占金沙江全长的67.8%。

金沙江上游没有暴雨，因此也没有大的洪水过程，主要问题是干燥，降水少。降雨主要集中在夏季，冬季降水很少，水体有机质少，也没有污染，天然水质良好。金沙江中下游都处在干热河谷地区，水土流失问题突出，地震频繁，水能资源丰富，别看水流湍急，但水流中珍稀和特有鱼类丰富，是我国最重要的特有鱼类栖息地。

考察情况

我们一行 20 人分别来自长江科学院、长江水产研究所和青海极地公司等三个单位，其中长江科学院参加科学考察的人员来自水资源所、水环境所、河流所、水土保持所、岩土重点实验室、水力学所等。考察将分两段进行，第一阶段考察金沙江中下游，全体人员参加，到金沙江上游考察时，部分队员（2 台车）返回武汉，仅 12 人（3 台车）上去。可喜的是长江委陈晓军副主任参加了金沙江上游的考察，使考察队的层次大为提升，体现了领导的重视和身先士卒的作风。

我们的考察从 4 月 7 日就开始了，由水环境所、水资源所对川江（即长江上游珍稀鱼类保护区）典型河段及川江几个河口进行水质、浮游生物、底栖动物和鱼类资源进行取样和考察，他们冒着大雨已经工作了一周，此时专门来到宜宾与我们会合，看到大部队的到来，他们显得十分高兴。

我们计划从 14 日起到 22 日从金沙江下游、中游到上游，考察 2300 千米的金沙江全程，由于路途曲折，全程需要走 3000 千米以上，其中一半以上路况不好，海拔也在 2000 米以上，部分河段高程超过 3000 米，路途艰辛。

金沙江水电基地

金沙江是我国 13 大水电基地中最大的一个，金沙江中下游正在进行大规模的梯级水电站建设，其中最下游的向家坝已经蓄水发电，溪落渡今年也将蓄水发电。本次考察不仅想看正在建设中的巨型水电站群，而且想看看人类活动影响较大江段生态环境状况，特别是想看看人类活动稀少的金沙江上游，比较自然河流和人类干扰下河流的主要区别，在这些巨型水电站建成前采集样本，收集基本资料。这也是本次科学考察的主要目的。

向家坝和溪洛渡

离开四川的宜宾市，车行20多千米来到云南的水富县，首先看到是云天化巨大的厂区及大量烟囱，印象不好，如此巨大的化肥厂位于金沙江的喉舌，与金沙江优美的环境极不协调。过了云天化就来就到了金沙江干流第一座建成的大型水利工程——向家坝水利枢纽工程。

进入向家坝工区，环境立刻改变，到处是鲜花和草地，感到工区环境较好。而两个工地边水富县和永善县城环境就差多了，垃圾随意堆放，污水横流，感觉到这些城市建设尚处于起步阶段，与工地管理区环境差距太大。

「向家坝」

三峡公司建设部的车主任一行带领我们参加了向家坝展览馆，观看了介绍工程建设的影视片，然后参观了正在运行的水电站厂房，看到了巨大的地下厂房，那里已经有三台机组正在运行，每台机组装机80万千瓦，是世界上最大的机组之一。然后我们到了大坝上游水电站进水口平台。听说大坝就在前天已经浇筑到坝顶设计高程，大坝整体形象已经完全展现在我们的面前。大家看到大坝的上游面和水库蓄水情况，都兴奋异常，因为除了我及徐平等少数老队员常到水利工程工地外，绝大多数博士都是学水资源、水环境和水生态的，他们看到如此巨大的工程，无不兴奋异常，感叹万分。

此时的金沙江，无论大坝下游河道，还是库区，水体都呈现出青蓝色，显然水体含泥量极少，原因一是此时非汛期，入库泥沙较少，二是水库蓄水后，泥沙多数淤在库底，近坝水体含沙量很少。

我们参观了三峡公司建设的向家坝、溪洛渡珍稀特有鱼类增殖放流站。不仅看到了大量金沙江珍稀特有鱼类，如中华鲟、白鲟等的标本，还看到了大量达氏鲟、胭脂鱼和许多鱼类的幼苗。公司每年数次向金沙江释放大量珍稀特有鱼类，试图补偿这里的野生鱼类，虽然目前尚不明确效果如何，但看到三峡公司不惜花费巨资进行鱼类资源保护，还是感受到公司的社会责任，看到了生态修复的一线希望，这给我们留下了深刻印象。

工地人

无论走到那个水利工地，都可以见到大量的工地人，他们为了祖国的水利事业和水电站建设长年工作和生活在工地，不仅练就了一身工地工作的本领，而且有着独特的水利人生。

经过长途跋涉，我们早上 8 点不到就出发，直到下午 4 点半才到达白鹤滩工地。一路上，白鹤滩工地实验中心负责人王述银总工不停地打电话询问我们到了哪里？看得出他们十分期待着我们的到来。走下车，王总及任大春主动迎上来，紧紧握着我的手，看到他们如此激动、热情的样子，我十分感动和感叹。

王总是我的老同事和邻居，我们一起工作了近 30 年。在我的记忆中，他除了 20 世纪 80 年代在院里材料所做过混凝土原材料室内试验和研究外，基本都在水利工地现场工作。记得 10 多年前，在三峡工地，我到三峡右岸高家溪长科院现场实验室去看过他，一晃快 20 年了。现在三峡工程已经建成，他又转战到其他几个水电站工地。今天在白鹤滩又看到他，怎么不令人感叹呢？我们不仅感叹时间过得快，更感叹的是他工作的工地越来越遥远，我们想看到他都不容易。

他带我参观了工地实验室，看到他们的实验仪器设备已经现代化了，由计算机控制的伺服机（各类压力机）取代了过去简单机械式的设备，感叹技术的进步。然后来到他的办公室，看到办公室里有一个巨大的根雕茶几，茶几台面不仅雕刻一条小龙，而且刻着一个象征幸福、安详的弥勒佛。我说，这么好的东西，应该值得不少钱吧，他介绍说，这是他们自己的作品，树根是工地开挖时拣来的，经过加工、雕刻和涂漆，成为一件艺术品，创作者是他聘请的技工刘师傅。使我惊讶的是，有这样手艺的“艺术家”，在城市应该能够挣到更多的钱，何必在偏僻而寂寞的工地打工呢？

在家时，经常遇见王总爱人带着女儿上学，问起王述银什么时候回来，她总是摇着头说，不知道，她说单独带着女儿生活已经习惯了，就像王述银习惯于工地生活一样。作为工地实验中心的主任，王总不仅日夜操劳，而且责任重大。每天都要现场检查水泥、骨料、粉煤灰、外加剂和混凝土施工过程，看它们的质量是否符合要求，需要现场取样、抽样检测，他们承担着工程材料质量保证与安全的巨大责任。

工作需要担当精神，工地生活和工作条件与城市和家里差距巨大，特别是工程开工的早期，工程还处在三通一平的施工准备期，工地整天处在开挖、爆破、修路、打洞和运送渣土的阶段，路上车辆成堆，尘土飞扬，狭窄而崎岖的山路充满着危险，王总带领着10多人的队伍整天就工作和生活在这样的环境中，怎能不令我敬佩和感叹呢？

工地基本没有节假日，而且是24小时施工，王总带着队伍不得不随时到现场取样和检测。他不仅承担着质量监督管理的职责，而且还需要参加业主、设计和施工单位的各类协调会，既要坚持原则，又要有灵活的沟通能力，他们是真正有实践经验的人，我为我们长江科学院有这样的人才而骄傲。

王总对我说，他已经习惯工地生活，工作的繁忙可以冲淡业余生活的寂寞，何况还有一批不同年龄层的“战友”做伴。他说把白鹤滩水电站建成后就可以退休了。我看，他是退不了的，因为像他这样有水平有经验的人是不会退下来的，只要有水利工地，有好的身体，他都会被返聘。我们一批已经退休的技术人员仍然在工地发挥着他们的作用。工地不仅磨练人生，也锻炼了他们的体格，他们工作着，也快乐着。

水利工地人有一批像王总这样“钢铁练就”的人才，在溪洛渡我就遇见大学同班同学、中南院总监杨少春和清华大学博士师弟、三峡总公司质量总监董振英，他们都在溪洛渡工地已经待了9年时间。当然，还有许多像王总一样的水利人已经在工地待了20多年，他们虽然失去了城市生活和与家人团聚的乐趣，但他们为国家、社会和单位贡献了青春和人生。他们是新时代最可爱的人，我为他们而感到骄傲。

金沙江考察

此次金沙江科学考察，我可谓感受颇多颇深。由于电脑病毒困扰、高原反应使大脑发懵、体力疲惫和住宿条件逐步变差，甚至多次遇到停电，没有能及时记下当时的感受，实属无奈。

本次科考从金沙江下游出口宜宾出发，一路向上，先向西，然后向北走到金沙江起点——青海玉树的直门达，历时10天，从空间上，河流全长2300千米，实际行程超过4000千米，东西向横跨我国三个台阶，海拔从200米高程到5050米。从纵向看，走过整个横断山脉，跨越多个地理、气候区域，总体感受是一场自然之旅、发现之旅和探索之旅。

400多年前，明朝旅行家徐霞客曾经到过金沙江，走过金沙江中下游，并首先发现：金沙江是长江之源，纠正了流传2000多年“岷江导江”的谬误。在没有现代测绘、测量技术，沿江几乎无路可走的当年，实在是伟大的发现。不过当年他仅走到丽江——金沙江上游出口，就没有再向上走，原因有三，一是他本想再向金沙江上游走，但当时统治丽江地区的木府家族不仅统治着丽江地区，而且实际控制着金沙江上游巴塘以下相当大的地区，不想让他将上游地区情况向外界宣传，避免明朝政府产生嫉妒之心；二是那时的丽江以上，没有便利的交通之道，山高路险，无法再向上游行走；三是他到丽江时，年岁已高，体力无法支撑其“登高远行”。

「金沙江」

今天我们凭借着现代的越野汽车和GPS定位系统，走在经过多年建设和维修的道路上，也走了近10天，平均每天400千米，如果在徐霞客时代，靠畜力和行走，恐怕得花费几年时间。

考察线路选择从金沙江下游向上游走的原因有二：一是先看看人类工业文明的巨大成果，分别走访向家坝、溪洛渡、白鹤滩等巨型水电站建设工地；二是从低处逐步走向高处，逐步适应高原环境；三是先看看经过人类干扰的河段，再看看自然的河流，比较其中的差距。

从金沙江之旅是自然之旅，是因为金沙江上游干流保留着我国最长的自然河流，从那里可以看到不同时期河流演变的现象，如各类河流地貌及历史文化遗迹，不仅可以看到了大自然的鬼斧神工——高原宽阔的河谷、山区险峻的峡谷河道、高山冰川和雪盖、飞流瀑布和山间激流等景观，而且可以探索自然河流形成和演变的奥秘。

金沙江之旅也是时间的跨越，走遍金沙江上、中、下游，不仅可以看藏族原始的生活方式——游牧、崇尚自然和神灵的情况，也可以感受到人类活动影响逐步加深的步伐，道路、汽车、城镇化、电网，更可以看到工业文明巨大进步——巨型水电站工程，可以说，金沙江 2300 千米的全程可以使我们看到长江 1000 万年的自然演变历史和中华民族 5000 年文明发展历程，可谓是穿越时空之旅。

「藏族村落」

「梯形房、梯形窗与新藏民」

藏民新村

从石鼓出发，沿金沙江一路向上，除了蓝天、白云、峡谷、激流和高山外，看到最多、最有特色、最美丽的人类文明成果就是藏族富有特性的村落、房子、成排的白塔和寺庙。在云南、四川半耕半牧的藏区，藏民的房子不仅宽大，而且带有院子，从外观看，完全可与西方国家居住的别墅媲美。房子在高度方向呈微微的梯形，一般有两到三层，墙体下部大，上部略小，多为夯土加木材的建筑，虽然就地取材、材料朴实，但外墙涂成白色，窗子外框涂成梯形咖啡色，显得大方、庄严、肃静。从远处看，藏族村落大多数位于山间冲积扇上或者高高的山坡上，与蓝天、白云和大山融为一体，极为协调，极富民族特性，是金沙江上游沿岸一大风景，与我们生活在城市中忍受着拥挤、嘈杂和污染的居住环境比较，藏民村落有如仙境一般。真正能打动人心的风景需要人类文化来衬托，我国西部如果没有藏传文化，再美的景致也好像缺少了内涵，自然风光与藏文化结合算是我国西南部最佳的去处。

金沙江上游，无论是丽江的巨甸、塔城，香格里拉的尼西，还是四川甘孜州的德荣、巴塘、德格、白玉、石渠的洛须等地，99% 以上常住人口是藏族，科考下半段我们进入完全的藏民居住区，让我们这些来自东部的汉族人充满着好奇和新鲜感。

根据向导的安排，18 日中午我们计划赶到滇北尼西藏族小村家中吃纯藏族午饭。经过长途跋涉和曲折的寻找，我们终于在下午 4 点到了午餐地——一户传统藏族大叔的家。主人夫妇俩为了我们的到来，已经准备了几天。一下车主人就为我们打上酥油茶，然后拿出一大盆炒熟的青稞粉、油炸三角（像小油饼）、腌制过的腊藏香猪肉加蔬菜火锅和米饭等，这就是纯正而丰盛的藏餐。此时我们早已饿极，顾不了那么多，一边喝酥油茶，一边手捧青稞粉往嘴里塞，虽然青稞粉香飘可口，但吞食干粉却呛得我们咳个不停。有经验的司机老陈看

「正宗藏餐」

「与主人合影」

到后，笑道：不是这样吃，应该将青稞粉做成藏粑再吃，说着用碗添上青稞粉，加些酥油、糖等作料，拌成粘状的“藏粑”，然后拿给我们们吃，味道果然不错，再吃碗米饭，我们竟然吃饱了。午餐虽然不算丰盛，但应该是藏民最隆重的午宴了，他们平时吃得更为简单。

然后，主人带我们参观他的房子。房子分三层，外加以一个阳台，房内空旷，装饰简陋，除外墙外，室内物品全是木制的。但当进入他家的祈祷室时，面目焕然一新，里面金碧辉煌，四周墙上不仅挂满了各种装饰品、唐卡等，正中间墙上挂着佛像和活佛像，桌上摆着蜡台、油灯及各种贡品等，估计主人将全家最好的东西都放在这里供奉心中的神灵和佛了。看得出，主人十分虔诚，保留着典型的藏民传统。

19日，我们来到巴塘县，傍晚，我陪陈主任逛藏民区。村落藏民房子很大，但公共道路狭窄，大多数无法通车，只能步行，我们沿着镇郊小路观看藏民村落及富有特色的房子，一时迷路，遇见一个藏民，问到城里的路怎么走，藏民为我们指明了方向，陈主任指着旁边的一套房子说：这是你的家？接着又加了一句，真漂亮。藏民答道：是的，请进来参观一下吧。面对如此热情的邀请，我们无法拒绝。进入他家，他连忙为我们打酥油茶，并问我们吃饭没有，如果没有吃，就在这里吃，并陪他喝点青稞酒。我们说晚餐已经安排好了，不用客气。这家藏民男的在县电力局工作，女人在林业局工作，都是公务员。由于接受过良好的教育，汉语说得很好，家里也比较现代化。他家有两个客厅，一间是传统藏式客厅，悬挂和摆放着各种传统藏传佛教物品，而另一间客厅完全是汉式现代化的，平板电视、音像设备、电脑、电话等，一应俱全，与我们汉族家里客厅没有差别。他一边与我们交谈，

「藏民传统客厅」

「与藏民夫妇合影」

一边不停地为我们添酥油茶，我们为他的热情而感动，心理想藏民真是朴实而善良。不一会，主人的妻子回来，同样热情地与我们交谈，说刚才送孩子补习功课去了。陈主任说，你们家真干净。女主人说，不好意识，家里正在装修新的厨房，房子里很乱，外面有灰，等装修好，家里会更好，到时候一定请我们再来。我们着急要回到驻地，不能再坐了，准备走。主人不仅与我们合影留念，而且与我们互留通讯方式，说等家里装修完一定请我们再来。她也还有 QQ 号，每天上网，与我们的生活方式一样，看来年轻一代的藏民已经很开放和时尚，一点不保守。

今天的藏民生活和生产方式已经发生巨大的变化，摩托车取代传统的马匹，成为藏民出行和放牧主要的交通工具，不少家还有小汽车、小面包车，甚至越野车，大多数藏民生活条件比中西部汉族农民生活条件要好，我想这不仅得益于我国经济的快速发展，而且得益于国家对于少数民族地区特殊的优惠政策的支持。

4 月 20 日，考察队从金沙江畔的德格县城出发，翻越被冰雪覆盖、海拔 5050 米雀儿山口，来到马尼干戈乡附近。从 317 国道下来，走上一个坡地，就看到一个无法用语言形容其美丽的圣湖——新路海（藏语称为玉龙拉措，意为“神仙倾心的湖”）。湖面远处，是冰川及雪盖，三面被大山环绕，水色在阳光和水中离子的相互作用下，从远处的碧绿到近处浅蓝不断变换，水体清澈见底，纯洁无瑕。最令人惊叹的是如此美丽的高山湖泊除了我们考察队外，没有其他游客，这与九寨沟等水景人满为患情况形成鲜明的对比，让人倍感这里的宁静而神奇。我想可能的原因是此地海拔 4040 米，空气稀薄，交通不便，人烟稀少，才保留了这片圣湖。

「冰湖——新路海」

根据调查，新路海是我国最大的冰川终碛堰塞湖，晶莹的冰川从海拔五千米的粒雪盆直泻湖滨。湖泊周围由高原云杉、冷杉、柏树、杜鹃树和草甸环绕。天晴时，蓝天白云、雪峰皑皑，冰川闪烁、青山融融、绿草茵茵、波光粼粼。夏天，湖岸珍禽异兽出没，湖中野鸭成群，鱼儿游弋。上游冰川侧碛上的云杉林，树龄均在100年以上，而新路海下游冰川终碛垄上的云杉，树龄可达580年，暗绿色的云杉映着冰清如玉的湖面，真乃纯洁之仙境，令神仙倾心完全可能。

我从来没有见过如此美丽而又如此宁静而纯洁的湖泊，它可与奥地利萨尔斯堡的月亮湖媲美，而宁静却是其特有的，我为我国有如此自然、美丽而神奇的湖泊而骄傲，也为其他湖泊的保护和修复大声疾呼。

「新路海唯一的游人」

「水流最急的金沙江峡谷——虎跳峡」

「典型的金沙江河谷地貌及岸边公路」

「清澈的蹭曲汇入浑浊的金沙江上游」

雀儿山

从德格出来，向金沙江上游走，将过本次科考路过的最高山——雀儿山。此山矗立于青藏高原东南部沙鲁里山脉北段，藏语叫“绒麦俄扎”，意为“雄鹰飞不过的山峰”，无数攀登高山的爱好者惜败于此，该山最高峰海拔6119米，公路穿越的山口海拔也达到5050米，是金沙江两岸附近最高的雪山，平均山峰高度逾5500米，其中超过6000米的山峰有3座，故当地有“爬上雀儿山，鞭子打着天”之说。雀儿山有大小冰川30余条，分布面积达80平方千米，仅次于长江流域最高峰——四川境内的贡嘎山。

「与陈主任在雀儿山顶合影」

我们达到雀儿山已经是4月20日，四周全是雪山和冰川，感觉仿佛登上“珠峰”一样，虽然空气稀薄，没有植被，但我们仍然兴奋不已，感觉到了天边，到处是未践踏的雪地，洁白、纯洁。冰川和雪山对于我们这些来自都市的人群，总是充满着极大的诱惑，让我们想不兴奋都难。

慰问工地人

金沙江科学考察队还有一项重要的任务，即看望长期工作和生活在水利工地和水文站的同志们。如果你仔细地观察，并与他们交谈，就会发现他们每个人都有令人感动的人生。现在国家号召新闻工作者“走转改”，要求深入基层，多报道基层工作的同志，我觉得太对了。我虽然不是新闻记者，但与工地人交谈几分钟就会被感动，从他们身上可以发现许多新闻线索，以及许多令人感动的故事。

「与巴塘水文站长期工作的全体人员合影」

「在白鹤滩水电站，与长江科学院人员合影」

最令人感动的是长江委管辖的最远、最艰苦水文站——岗拖站站长张斌。这里不仅海拔 3300 米，而且仅有张斌一个人常年坚守和工作，是一个人的水文站。

我曾经看过前苏联拍的电影“一个人的车站”，看到一个人负责管理火车站与流动着列车之间发生的故事，看完后，使我们十分的感动。火车站虽然只有一个人坚守，但流动的火车还能不时带来动态的信息，而我们水文人的故事的感动远不止此。

「与岗拖水文站的张斌站长合影」

张斌老家四川广元，是一个老实本分的人。2004 年来到岗拖水文站时还有一个老职工带着他。2009 年，老职工退休回家后，这个水文站剩他一人。工作还是那么多，但没有新人愿意来，原因是这里海拔太高，气候和自然条件恶劣，交通不便，而且处在完全藏区，汉族人很难适应。这里虽然是 317 国道穿过金沙江之处，但很少有车会停在水文站门口，唯一相伴的金沙江流淌的江水，它从不间断地静静地流过岗拖水文站，就在这样条件下，张斌构成了一个人水文站的故事。

从 2009 年来，他仅回家两次，而且每年春节都一个人坚守在站上。

单位为了照顾他，在每年夏季让他爱人作为临时工协助他工作 1 个月，每月只 800 元，就算两人团聚的日子。更令人感动的是，张斌目前还是聘用制员工，以前工资才 1000 多元，直到去年才涨到 3000 元左右。当然长江委水文局领导也为他的事迹而感动，准备在本次三定时将其转为正式工。回来后水文局长跟我说，为了他的事情，局领导做了很多工作，即使这样还是属于破格录用。也许他的学历不高，也许他无法通过令人迷惑的入职考试，但我觉得他完全有资格不考试就进入正式职工行列。因为一个人长期工作和生活在高原，一个人 4 年只回过两次家，一个人完成几个人的工作，这样的人最有资格成为我们的职工。

我问他，一个人在水文站，如何度过长时间寂寞难耐的日子？他说，工作、守卫、两条看门狗和几个频道的电视就是他的全部。我问他，一个人在这里怕不怕？他说开始还是有点怕，不过附近有公路管理站和解放军的兵站，他有安全感，而且还有两个虽很土、但很机灵的看家狗与他为伴。他说令他最高兴的是：水文局马上将他录为正式员工了，这也许是他的全部期望和寄托吧。

「溪洛渡大坝」

水电站与保护鱼类

本次科考任务之一是考察人类活动对金沙江水生生物的影响。当我们连续看到世界上最大的水电站群——向家坝、溪洛渡、白鹤滩和乌东德工地后，深深感受到人类活动能力的强大。即使中华鲟、胭脂鱼、白鲟的亲鱼尺寸可以长达 1 ～ 3 米，比其他长江珍稀和特有鱼类要大很多，但在水电站面前，它们实在是太弱小。我们考察队中大多数队员是学水环境和水生态的，当他们看到巨大的工程和人类控制河流的能力时，充满着感叹和无奈。

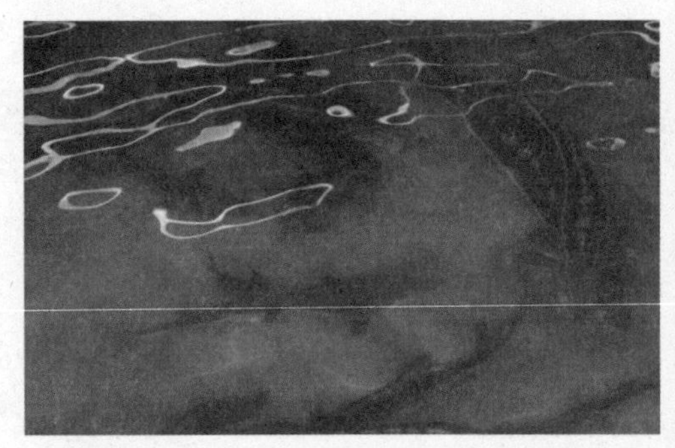

「增殖放流站内的中华鲟幼鱼」

丽江行

丽江绝对是一个值得多次去的地方，不仅有蓝天白云，有玉龙雪山，而且有纳西族文化，有对我而言仍是茶马古道，有灿烂的阳光，有悠久的古镇，尽管我已经去过三次，但丽江对我们而言仍是来了就不想走，来了就会有新的人生感受的地方。

前两次来丽江都是为了考察金沙江——长江第一弯。千年古镇石鼓，著名虎跳峡江段及规划的梯级水电站开发可能产生的影响是第一次考察的目的，但我更关注的是不可错过的必经之地古城丽江。现在的丽江已经不是徐霞客时代的丽江，也远离幕府统治时期的丽江，但那时的古城和文化却留了下来，使丽江成为中国著名的旅游城市。古城夜晚的喧嚣和城中小渠快速的流水、纳西族音乐的欣赏使我体会到古城的历史底蕴，而登上 4500 米的玉龙雪山山腰，感受到亚洲最南端冰川雪山的风貌及登山时气喘的体验，也让我们初步感受到丽江的美丽和文化。

「考察队员在石鼓采样」

第二次来丽江也是考察金沙江全程中的插曲。2013 年 4 月，在雨季来临前，我们一行 20 多人考察了 2300 千米的金沙江，从金沙江出口宜宾溯江而上，先后考察金沙江下游的四个梯级水电站：向家坝、溪洛渡、白鹤滩和乌东德，中游的小江及蒋家沟，然后到丽江休整一天再踏上艰苦的金沙江上游。第二次停留丽江我们并没有游览，只是住在束河小镇“发呆”。束河古镇虽然没有丽江古城大而著名，但绝对是一呆就不想走的地方。我们住在一家小店，虽然只有10多个床位，房间木质一点都不隔音，但小店有两个串联的小庭院，每个院子都有小树、鲜花和两边厢房，正房是两层，可住10人，两边厢房是客厅和书房，无论坐在庭院、走廊还是在书房都可以享受阳光，坐在走廊沙发上，喝上一杯茶绝对是一种享受。晚上这里安静极了，除了明亮的月亮高挂天空，四周只能听见昆虫的声音。问起店主，原来是从南京来的，他说已经将南京全部资产卖掉，买下这个小旅店，准备在这里享受晚年。他的举动使我惊讶，放弃繁华发达的城市来到西南边陲的小镇安度晚年，多少需要一点决心，但看到眼前这片洁净的天空、古朴精致的古镇和需要一月前就得预定的小旅店经营状态，我觉得他是值得的，他不仅可以安静地享受极佳的自然环境，还会与来自不同地方的游客交谈，有了这片天地还有什么其他愿望呢？

2015年来丽江主要是我们承担了丽江市水生文明建设实施方案的编制任务。丽江是国家级水生态文明建设试点城市，我们要接受水利部组织的专家评审，部里、长江委、珠江委都来了领导和专家，云南水利厅也派了领导参加，我们既高兴又紧张，高兴的是我们能够参加丽江的水生态文明建设，为丽江的发展做点贡献；紧张的是要接受领导和专家的审查，这是对我们工作的检验和评判，我们要对得起这份责任和信任！

「丽江」

来到丽江的人无不对于丽江古城渠道急流而清澈的水流和黑龙滩不断涌现的泉水印象深刻，可以说清澈的泉水和湍急的水流是丽江的灵魂，但近些年来，由于持续的干旱及用水量的增加，前两年曾经连续断泉900多天，靠应急提水和调水才勉强维持丽江城市的用水和景观用水，这是丽江不可接受的，也是不可持续的。国家、云南省及丽江市对此十分重视，前几年开始实施水生态修改，去年开始进行水生态文明建设试点，需要重新规划丽江水系的地表和地下水，在采取严格水资源管理前提下进行水系生态系统的修复，这就是我第三次来的目的。

一座城市如果坐落在山边就会感觉到大气和仙气，有高山坐镇，还会有什么难题呢？

去过许多城市，让我感到震撼的只有南非的开普敦和我国的丽江，开普敦城里有一个桌山，平地升起一座近千米的高山，山顶水平像一座巨大城市桌子，城里每个地方都可以看见。而丽江更是如此，城边平地升起一座2000米的高山，相对高差比桌山还高1000米，而且是一座雪更显灵气的雪山，不仅丽江全城都可以看见，而且整个丽江2万多平方千米的大部分地方都可以看见，它是丽江地区最高峰，可谓“鹤立鸡群，高高在上”。

清晨无论从哪里出去散步，你都会见到它的面貌，当丽江城区还未被阳光照射处在暗色时，玉龙雪山顶上已经阳光明媚，在雪山的反射下向四周发射金光，使它充满圣神和神秘的色彩，难怪纳西族东巴人崇拜自然神，有什么神比得上玉龙雪山的神奇呢？他们无法不崇拜，相信玉龙雪山就是相信自然，就会生活充满信心。

小江及蒋家沟考察

金沙江是长江泥沙的主要来源地，金沙江的泥沙主要来源于下游段，而下游的支流小江又以高产沙河流著称。金沙江下游支流小江，沿小江大断裂发育，是举世闻名的泥石流“博物馆”。据东川府志记载：康熙年间，小江宽仅4～5丈，水流清澈，灌溉沿江田地，盛产稻谷高粱，后因大量开采铜矿，伐木冶炼，山上植被彻底遭受破坏，加上不良的地质条件，终于酿成大祸。在全长105千米的河段内分布大小泥石流沟107条，每年注

「小江沿岸随处看见的滑坡」

入小江泥沙为3000万～4000万吨，平均每年仅620万吨悬移质流出小江，其余80%以上泥沙淤积在河床之内，形成“条条山口吹喇叭，步步河滩走乱石”之景观。原电力部昆明院在20世纪60年代初，根据该院在小江钻探和调查资料分析，近200年间，小江下游42千米河道抬高约134米，河口段（5千米左右长）淤高约80米，下游河床坡度由原来的6.6‰演变为9.7‰。铁道部门50年代在东江一带钻探资料表明，近200年，小江河床抬高54～144米。当年沿小江修建的铁路，90年代初已被泥沙埋没，后重新修建。又据龙川江调查资料，近30年龙川江30多条河流河床普遍淤高0.5～2米。金沙江的产沙和输沙特点说明该地区自然条件和人类活动影响决定了该河段是滑坡、泥石流频繁发生区域。所以，2012年金沙江考察时，我们专程到小江及蒋家沟进行考察。这里有中国科学院东川泥石流观测研究站，我事先给主管该站的中科院成都山地所崔鹏院士打电话，希望参观该站，他是我的老朋友，自然非常欢迎，并专门从山地所派人到蒋家沟观测站等候。

「在中科院东川泥石流观测研究站前合影」

蒋家沟系金沙江下游支流小江右岸的一条支沟，主沟长约13.9千米，流域面积48.6平方千米，最高海拔3269米，最低

「泥石流博物馆——蒋家沟」

海拔1088米。蒋家沟是小江流域中泥石流规模最大、危害最严重的沟之一。过去这里平均每年暴发泥石流15次，最高年份达28次，是世界上最佳的泥石流观测、实验和研究场所，也是研究古泥石流沉积的理想地点，号称"世界泥石流博物馆"。有机会应该去看看，场面十分壮观。

不知道是治理好了，还是近些年来云南地区干旱少雨的原因，近些年，这里发生的大规模泥石流少了，留下的泥石流滩地变坚硬了，近年来甚至成为国际越野赛车的赛场。但一定要记住，这里的降雨期很危险，无论是山坡还是谷地，都有大量松散的沙石堆积物，具有发生泥石流或者滑坡的物质和地形条件，一旦遇大雨，就会发生泥石流或者滑坡，这里不仅充满着奇景，也蕴藏着危险。

我们看了小江及蒋家沟就充分体会到水土流失的力量和危害，也想到了长江除了承接水流外，还是输送泥沙的通道，水流和泥沙的变化是河道演变的主要驱动力，我们都需要认真地对待。

岷江考察

2005年，长江科学院承担了一项水利部重点科研项目"长江流域水资源开发利用对生态与环境的叠加累积效应研究"，选择的典型河流就是岷江上游，所以，专门到岷江上游进行了一次考察。

岷江上游干流全长341千米，流域面积为23037平方千米。多年以来，由于多种自然因素和人为干扰活动相互交叉的影响，特别是近40年来，自然资源利用不当、人口增长等因素，导致山地生态系统剧烈退化。如岷江上游的森林覆盖率曾经达到50%，然而长期以来的乱砍滥伐，致使森林面积锐减，森林覆盖率从20世纪50年代的32%下降到80年代初的18.8%。森林的过度砍伐，使得该地区环境严重恶化，旱、涝灾害频繁，水土流失严重，大量的泥沙被携带入江，进入下游，淤积河道，制约了对其水资源的进一步开发，成为限制当地区域经济发展的大阻碍。受大地构造与大气环流的制约，岷江上游地区分布着一系列不同类型的干旱河谷，河谷底部气候偏干，降水稍少。

根据1998年完成《岷江上游灌县至汶川河段规划汇总报告》，推荐岷江上游干流采用六级开发方案，由上至下分别是沙坝、福堂坝、太平驿、映秀湾、紫坪铺、鱼嘴等梯级水电站，其中沙坝、紫坪铺为高坝大库，其余梯级除鱼咀为闸坝式开发外均为引水式开发。由于民间资金的引入和地方政府盲目招商引资，出现了相当多的不合规划要求的小型引水式电站，由于水流利用率高（大多数90%以上），非汛期河流全部引入压力管道，造成在相当长的河道出现脱水河段，天然河流出现断流。

水电站的影响

「随处可见的岷江边弃渣」

水电站工程施工和库区淹没对自然景观和旅游资源的破坏是非常明显的。一方面，弃渣沿江堆放，水库蓄水淹没原始森林、涵洞引水使河床干涸、大规模工程建设对地表植被的破坏水库水位变动造成岸边的涨落带，形成很多死树、淤泥和裸露的岩石等。如位于茂县南新镇的姜射坝水电站2号支洞建设中施工方曾将弃渣直泻江中，导致江面只有10米宽，仿如大江截流。岷江梯级开发中多数水电站采用引水式，引水隧道或管道长为：铜钟l0.5千米、太平驿10.5千米、福堂19.3千米、姜射坝11千米，上游金龙潭13千米、天龙湖6.7千米，有的甚至上一级的出水口连着下一级的引水口。由于上游的水被拦截输入涵洞或管道，从堤坝到发电厂之间的河段往往容易形成江河断流。一旦岷江上游水电站全部建成并发电，将形成连续不断的减水段甚至枯水期的断流段，原来丰沛的地表水流在水电开发地段成为“暗河”。岷江的多处河段趋于干涸，除了给河流动植物系统造成不可逆转的危害外，还使岷江干旱河谷更加干旱。同时岷江上游的电站建设，如金龙潭、姜射坝、吉鱼、福堂水电站等项目，多为引水发电，引水隧洞长，施工支洞多，工程弃渣量大，堆放场地狭小，大量弃渣沿岷江堆放，而且大多未采取水土保持与环境保护措施，形成了独特的岷江上游弃渣“污染”带，有的已危及行洪安全，这给区域环境和生态景观造成了难以估量的危害和消极影响。这些都使岷江失去大江大河的奔腾气势，呈现受人工割裂的破碎情景，已经成为成都至九寨沟旅游热线上难堪的景象，在国内外游客中造成了负面的影响。另一方面，无序的、不当的水电开发也损毁或淹了一些作为旅游资源的自然奇观和人文珍迹。在茂县，1933年的大地震形成的世界罕见地震遗迹奇观——叠溪海子，是九寨沟旅游环线上极其宝贵的自然和文化旅游资源，对科学考察和自然景观旅游都有非常重要的价值，而现在却被视作天然蓄水库，将修建引水隧道，这对当地自然和文化景观产生影响。在都江堰上游，紫坪铺大坝正在修建，作为其反调节作用的鱼嘴水坝，最初的设计方案距离都江堰鱼嘴仅为340米，横切古代文物百丈堤，损毁了历史文物及自然景观。在国家文物局和其他许多专家的强烈反对下，不得不修改设计方案，将鱼嘴坝的轴线再上移380米。从河段地形、地质以及满足枢纽功能等方面来看，这已经是可以上移的最远极限位置了，但是，一旦大坝建成，由于蓄水和放水，改变了原来河流的规律，特别是放水时将大大增加对都江堰的冲刷，将会对世界遗产都江堰的环境和景观产生严重影响。

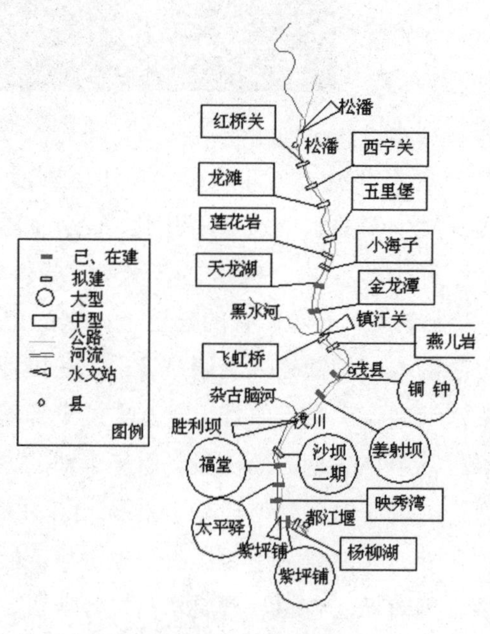

「岷江上游密集的梯级水电站」

考察印象

2005年岷江上游考察完全是坐车沿岷江上行，我们不仅看到卧龙自然保护区美好的地方，还更多地看到岷江边不科学的土地利用方式产生环境影响。在狭窄的河谷中，水电站、公路、电网和村落，挤得满满的，修路建桥和小水电站开挖的土石方都沿河道堆放或者任意倾倒入江，当时的感觉就是这里太危险了。当时紫坪铺还是施工中，原来在河谷中的路将被水库淹没，在山边重新开挖了一条路，感到十分危险，因为岷江两岸山体的稳定，本来处于临界状态，一遇开挖或者地震就会塌滑，所以，当2008年汶川发生大地震时，果然造成巨大的灾害损失，其中从紫坪铺到映秀镇沿线山体滑塌危害最为严重。而当年我们考察队正好穿越汶川地震核心区，从都江堰到岷江源，中途参观过震心位置的映秀镇及映秀湾水电站。在考察1933年地震留下的堰塞湖——叠溪海子时，还发过感叹，地震虽然还带来灾害，但也留下堰塞湖，现在的叠溪海子不仅美丽，还被用来引水发电，具有旅游和发电的双重功能，原因为是当时没有能力处理堰塞湖，经过时间的考验，叠溪海子没有垮塌的可能。

「跨江穿山的发电引水钢管」

「考察队在岷江源河源」

考察终点是岷江源，它发源于岷山南麓松潘县郎架岭，松潘属于藏区，也是当年红军经过的地方。在江源，自然看到岷山的雪宝顶，它海拔5588米，是岷山的最高峰，也是藏区苯波教七大神山之一，藏语为“夏旭冬日”，即东方的海螺山。当时是我走过的最高海拔的地方，由于只是路过，没有停下来，因此除了有点气喘外，没有其他感觉。

三渡赤水河

毛主席当年带领红军曾四渡赤水，摆脱了国民党军队的围追阻截，从此红军变被动为主动，成功完成长征，遵义和四渡赤水都是中国共产党的重要转折点。我也曾经三次考察路过赤水河。

赤水河虽然是长江上游的一级支流，但全长只有523千米，流域面积2.04万平方千米。在长江流域不算大河，其名声大主要原因有：一是由于红军四渡赤水，有红色线路之称。二是那里盛产美酒，有茅台、董酒、习酒、郎酒、望驿台、潭酒、怀酒等数十种蜚声中外的美酒。三是其为长江上游珍稀特有鱼类保护区的核心区，目前是长江流域中唯一干流没有修建水电站的河流，也是人口密集地区仍然保留比较自然的河流。

第一次去赤水河是在1990年，主要目的是考察乌江支流余庆河上的

「赤水河」

方竹水电站现场。我们从武汉坐一天多的火车到贵阳，然后到遵义，在遵义住了两天，与工程设计单位遵义市水电勘测设计院讨论大坝建设方案，当时不仅参观了遵义会址和许多红军活动遗址，而且初识赤水河，发现这里的赤水河水是清的，并不是红色的。

第一次考察印象最为深刻。因为当时贵州还比较落后，考察一个工地，路途几乎花费一周时间。虽然从武汉到贵阳有火车，但买不到票，2 天才一趟火车，还是从北京到昆明的路过车，所以，我是通过熟人关系，从武汉汉西火车站（当时武汉的货车站）上车，一路上站着，直到株洲以后才找到一个座位，第二天下午才到贵阳。住一夜，然后坐汽车花半天多时间才到遵义，住 2 天。然后坐余庆县水利局雷局长的老式北京吉普车花一整天的时间，走过崇山峻岭才到余庆县城，住一夜，最后才考察工地现场。在通往余庆崎岖颠簸的山路上，我才第一次体会到山区的路有多么的难走。尽管这里直线距离到武汉不过 1000 多千米，但由于没有快速的火车和高等级的公路，到任何山区都会感觉十分遥远或者偏僻。第二个深刻记忆是无论是在遵义住设计院招待所，还是在余庆县住水电局的招待所，顾客都只有我一个，两个单位还分别为我专门请了一个厨师为我做饭，我不仅享受到“特殊”的待遇（说明当地外来来工作或者旅游的人很少），而且第一次品尝到地道的贵州菜。贵州菜确实很好吃，绝不亚于川菜。自然少不了喝上几两美酒，当时茅台酒少，我喝的酒是董酒和眉窖之类的，但仍然感到是好酒。回来时，设计院领导还送了两瓶董酒给我，当时价格在 12 元左右一瓶，应该是很好的酒了，董酒当时多次被评为中国八大名酒之一。

第二次去赤水河是 2008 年参加第四届全国生态水力学大会，会议开完后，我们从贵阳坐车到重庆再飞回武汉。这个时期，贵阳到重庆高速公路已经通车，我们过遵义、桐梓县、娄山关再到重庆，沿路感觉贵州已经大变样，特别是遵义，这里交通发达，到贵州、重庆不过几小时。而第一次去的时候，遵义还是一个很旧的小城镇，现在已经变成了一座新城。遵义会址附近已经有大量高楼和旅游设施，成为主城区，赤水河边已经建好大片亲水平台和绿地，许多人在这里游览或者健身，与长江中下游城市一样的繁华。

第三次去赤水河势考察我院负责建设的长江上游贵州毕节水土流失监

测站，该站就建在赤水河边。沿赤水河公路环境虽然不错，但对于大量吃野生鱼的饭店很反感。国家、贵州省和长江委下了很大决心来保护赤水河，将其列为长江上游珍稀特有鱼类保护区，但大量捕捞可以危害更大。赤水河平时水量不大，大多数河段为峡谷，河宽不过百米，平时水深不过1～2米，而现在渔民浦鱼能力很强，一网下去就可将江中鱼“一网打尽”，我们努力保护的成果将会付之东流。

长江中下游科学考察

“万里长江，险在荆江。”荆江在两湖盆地中部迂回东流，北为江汉平原，南为洞庭湖平原，有荆江三口与洞庭湖相通。长江防洪的重点在荆江，而荆江防洪的关键是要处理好荆江与洞庭湖这号称中国最复杂的江湖关系。

荆南四河及洞庭湖考察

长江防洪的重点在荆江，而荆江防洪的关键要处理好荆江与洞庭湖这号称中国最复杂的江湖关系，历来都是流域治理的重点区域。我曾多次到该地区，其中正式考察有两次。第一次是2006年4月随长江委蔡主任考察荆江大堤及荆南四河。第二次是2007年带领长江科学院河流所团队考察荆江及洞庭湖区。

荆南四河

长江中游荆江与洞庭湖关系是中国江湖关系最复杂的地区。从空间上看，荆江水进入洞庭湖区的水系分为松滋口、太平口、藕池口和调弦口（其中，调弦口于1958年冬封堵，基本再无长江水沙通过该口水系进入洞庭湖）。目前，荆江入洞庭湖三口分流河道是指由荆江松滋口、太平口、藕池口等三口分流入洞庭湖的松滋河、虎渡河、藕池河，其中松滋河在湖北

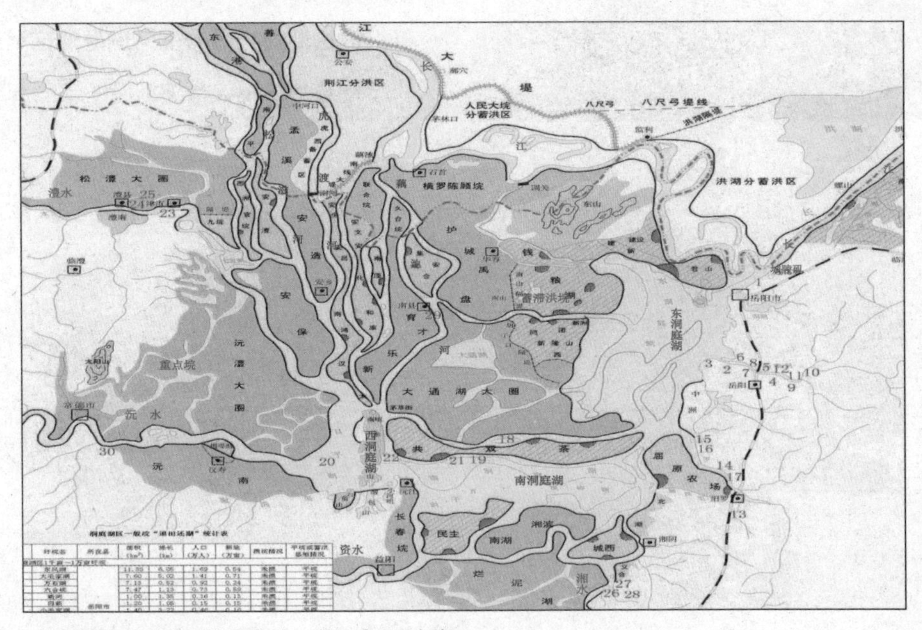

「中国最复杂的江湖关系——长江与洞庭湖」

境内有两汊，即东支（沙道观河），西支（新江口河）。在湖南境内有三汊：中支（自治局河）、西支（官垸河）、东支（大湖口河）。太平口的虎渡河中间与松滋口水系汇合，而下段也已建闸控制，故太平口分来的水沙大多通过松滋口水系进入洞庭湖。藕池河有西支（安乡河）、中支（主汊及支汊陈家岭河），而东支上段分为两汊（鲇鱼须河和梅天湖河）汇合后下段又分为两支（主支注滋口河和分支沱江）入湖，因此如计算到主要支汊，则三口河道入洞庭湖前就有10条河，再加上湘、资、沅、澧四河水及汨罗和新墙两条小河流进入洞庭湖，最后从城陵矶出洞庭湖进入长江，水系、水流和泥沙关系异常复杂，各河分流分沙受天然来水来沙和人类活动影响，却不断变化，至今没有比较明确的水沙定量关系。

2006年4月12—14日，我随长江委蔡其华主任率领的考察团赴湖北洞庭湖区荆南四河，对堤防工程进行现场调研，以促进荆南四河综合治理，先后现场察看了湖北洞庭湖区四河中的松滋河、藕池河、调弦河以及松滋县、公安县、石首市境内的部分堤防，沿途听取了当地有关政府的汇报。

考察的印象

1. 虽然三峡工程建成后，荆江的防洪形势将根本改观，防洪标准由20年一遇提高到100年一遇，但新的问题也开始出现：一是清水下泄对于荆江河道产生冲刷，可能危及部分堤防安全，需要治理，二是由于干流河道下切，会进一步减少入洞庭湖的水量，引起荆南四河地区用水问题。看到荆南四河水环境状态，不仅防洪问题没有根本解决，水污染和沿线老百姓用水问题日益突出。

2. 江湖关系虽然复杂，而地方利益及行政关系更加重了该地区治理的难度。历史上，湖南与湖北关于荆江和洞庭湖治理方略争执了500多年，焦点是洪水来了是向江北泄洪，还是向洞庭湖泄洪。从荆江北岸大堤连成一体以后，遇大洪水过程原本向南北两岸分泄的格局开始发生变化，长期保北舍南分洪分沙策略使得荆江南高北低局面越来越严重，不仅使荆江北大堤防洪压力增加，也使洞庭湖淤积更加严重，湖区洪灾损失更大，从而引起了荆江和洞庭湖治理方略的长期之争。

南北之争

荆江河道的安全泄流能力有限，遇大的洪水过程江水需要有新的通道或者地方蓄洪，无论是过洪还是蓄洪都需要空间调蓄或者淹没低洼处的耕地，这里就有地方利益受损的问题。

据史料记载，明代中期之所以大力修筑荆江大堤，堵塞江北全部穴口，实行保北舍南策略，有一个政治上的原因，因为处在江汉平原的钟祥县为嘉靖皇帝在当皇帝以前的王府以及其父亲墓葬所在地，必须严加保护。明嘉靖年间堵穴口，将荆江大堤连成一体，而且万历朝的宰辅张居正是湖北荆州人，也倾向于保护位于长江北岸的故乡，在客观上助长了舍南保北政策的执行力度。给以后500年的荆江和洞庭湖的治理带来深刻的影响，也引起湖南、湖北两地在防御洪水问题上的长期争议。

在洞庭湖治理策略上，近200年来有着各种思路，主要可以归为四种主张：①废田还湖，给洪水以空间；②塞口还江；③开挖行洪通道，引四口之水入江；④四口建闸，控制入湖洪水。

「洞庭湖」

道光年间，魏源在《湖北堤防议》和《湖广水利论》中均提出禁修溃堤，主张“废田还湖”，当时溃堤主要是标准较低的围垸堤，其后，朱逵吉、黄爵滋等人也有类似主张，而且每当湖区遭受特大洪水以后，都有类似主张，包括1998年后，国家也重新推行“废田还湖”政策。

“塞口还江”则起于四口形成之后。光绪年间（公元1892年）刑部朗中、湘人张闻锦、汉寿绅士胡树荣、梅安等人要求堵塞藕池口，因为藕池口是在公元

1860年才决口，原来并没有藕池河，提出此议也属合理。但湖广总督张之洞派人现场查看后，认为塞口工程巨大，难以实施，而且分口成河后近40年并无大事，堵口又会引起新的纷争，所以没有实施。道光年间湖北人王伯心著《导江三议》，主张“勿塞口，顺其势而导之”，实施南北并分，以疏泄洪水。

民国年间，湖北人的废田还湖和湖南人的塞口还江发生长时间争论，也产生两者兼顾之策。1932年，湖南水利委员会委员王恢先在《整理湖南水道榷书》认为荆南四河分流分沙是清末以来洞庭湖日益萎缩和湖区水患严重的主要原因，他提出在湘鄂交界处修建长堤，开挖运河，引四口之水不经洞庭湖而直接出大江，减轻对洞庭湖区的危害，新中国成立后也有人提出类似建议，但遭到较多反对，没有实施。

1935年大洪水过后，扬子江水利委员会首先提出了四口建闸设想。1936年著名水利专家李仪祉在关于洞庭湖治理时提出：除了定湖界、定洪道外，还提出必须保持洞庭湖现有水面和蓄洪量，建议在四口建滚水坝，并认为“以言筑坝，以藕池可先，松滋可缓，太平可罢，调弦口或可作闸”。但此说遭湖北水利界人士反对，1948年长江水利工程总局提出的《整治洞庭湖工程计划》与李仪祉建议相近。四口建闸思路提出后，塞口还江就没有意义了。从防洪调度角度，四口建闸是增加了防洪调度的主动性，所以该设想一直得到湖南方面的支持，而长江水利委员会则一直持谨慎态度，但同意进行前期研究或者需要选择合适时机再行实施。

「荆江大堤」

1947年，在湖南大学工学院任职，并兼任长江水利工程总局顾问的何之泰提出治理洞庭湖三策：他认为浚湖和筑堤为下策。设法减淤、利用现有湖容维持蓄洪功能为中策。减淤方法包括在上游冲刷河段控制泥沙，其中四口建坝也可以控制入湖泥沙，当属于中策范围。对于湖界以内新淤洲土，改为蓄洪垦殖区，对于滨湖低洼堤垸，于秋后分区轮流放淤，以改良土壤和减少入湖泥沙，50年代时林一山主任也提出过该方案。上策是综合考虑上游和中游水土资源，进行综合规划，通盘考虑洞庭湖之作用。何之泰论述的上策，对于现代长江的治理和解放后长江委进行的长江流域综合规划有重要的启示意义。

1949年，长江中游遭遇大洪水，损失巨大，所以，在新中国成立时就决定在武汉成立长江水利委员会,统一领导长江流域的防洪等综合治理。这时候江汉平原已经是湖北，乃至全国的重要粮食生产基地，武汉市也成为我国中部重要工业城市。长江委林一山主任上任后开展的最早工程——大通湖蓄洪量殖区以及最重要的工程——在荆江南岸建立了荆江分蓄洪区，都与江湖关系有关，并且两项工程对于抵抗1954年特大洪水起到了关键作用。

1953年林一山主任提出“治江三阶段”战略设想，即第一阶段以修堤防为主，达到抗御1931年或者1949年（后来改为1954年）实际洪水位的水平；第二阶段，利用沿江湖泊洼地多的特点，修建蓄洪垦殖区以蓄纳1931或者1949年的超额洪水量（超过堤防防御水位以上的洪水量）；第三阶段，结合兴利修建山谷水库，以根治长江洪水。

林一山主任提出的治江三阶段战略是长江中下游防洪总体构想，并在1959年的《长江流域综合利用规划要点报告》和1990年《长江流域综合利用规划简要报告》得到全面体现。该思路是在何之泰上策基础上发展而来，而且在以后的60年中逐步从规划阶段逐步实现。第一阶段任务：堤防建设在1954年大洪水后基本完成，到1998年大洪水后，长江流域中下游主要干支流堤防全面达标，并进一步巩固，到2001年全面完成第一阶段目标。第二阶段任务也在上述规划中落实，即在中下游低洼地区规划了40处可蓄滞洪水590亿立方米的蓄滞洪区，并且兼顾了湖南湖北两省利益，如城陵矶附近的100亿立方米分蓄洪区在湖北的洪湖和湖南的洞庭湖区各设50亿立方米，第二阶段的规划任务在2008年的《长江防洪规划》已经完成，但分洪区的建设除荆江和杜家台分洪区外，都显得较为滞后，主要原因是三峡工程完成后，中下游地区都需要三峡承担更大的防洪作用，各地都希望对规划的分洪区重新进行调整，甚至希望“摘帽”；其次是，1998年后，长江没有出现流域型特大洪水，各地存在麻痹和侥幸心理，所以，第二阶段任务只能说部分完成。第三阶段目标是建设以三峡为主的上游控制性水库，三峡工程现在已经完工，金沙江下游等干支流控制性水库正在建设之中，预计到2020年初步完成，到2030年全面完成。到那时，仍然面对规划的蓄滞洪区哪一些该保留，哪一些先使用等问题，这不仅是技术问题，也是社会问题。

大通湖

2007年9月，我带领长江科学院一行9人的考察队，系统考察了包括大通湖在内的洞庭湖地区。大通湖原为洞庭湖的一大湖域，因泥沙淤积被肢解成东、南洞庭湖间的一大湖湾，由于泥沙淤积和围湖造田，现在已经成为洞庭湖区的一个内湖，其湖泊演变最能反映近百年来洞庭湖的变化。

清光绪年间，大通湖湖面辽阔，可通东洞庭湖，西抵目平湖，经藕池河与长江沟通，故称为大通湖。以后逐渐修堤围垦，但1949年洪水，沿湖各堤垸全部溃决。1951年开始筑堤围垸而成为内湖。当时湖面面积达323平方千米，20世纪60年代和70年代分别对内湖继续进行围垦，使湖面面积仅剩114平方千米。因为新中国成立时，缺土地缺粮食，所以这里1951年就成立了大通湖蓄洪垦殖管理处，隶属于省农林厅。后来大通湖区内土地全部属于国营农场，成为全国重要的粮食及水产品生产基地。

内湖虽然便于水产养殖和湖泊管理，但如何合理安排防洪排涝和水环境保护却是一个难题，需要人工抽排来控制湖水位，增加了运行和管理成本，而且与外湖不通，水体更新速度慢，水质保护越发困难。

洞庭湖区种植的大片杨树林，虽然看上去很美，而且有经济价值（如

「洞庭湖湖区大片人工杨树林」

可作为造纸原料），但对于许多候鸟来说是不利的，因为湖滩地是许多候鸟的栖息地，而人工杨树林只能栖息麻雀等小型鸟类，而对于远道来的白鹤等大型候鸟却不利。

考察的印象是，历史上，洞庭湖区已经发生过巨大变化，看到这里的农场、林场和农民，感觉我们无法过多谴责先人或者前辈。如果从现在的角度，围湖造田对于湖泊湿地肯定不好。但如果从当时角度看，没有人认识到湖泊湿地有多么重要，尤其是当温饱问题还没有解决时，他们的行为可以理解。

汉江考察

2009年5月，作为长江科学院博士论坛的坛主，我组织了一次以年轻博士为主的汉江综合考察队，主要考察丹江口水库加高后，南水北调中线工程运行前，汉江中下游河道及生态环境状态，为汉江中下游水资源持续利用出谋献策。对于领队的我来说，这可是第四次到丹江口水库。虽然我没有直接参加丹江口水利枢纽工程的建设，但作为长江委水利工作者对于汉江及丹江口水利工程有着一种执著的感情，每次参观都有新的收获和感触。

四上丹江口

第一次到丹江口是在1979年，那时我作为武汉水利电力大学的一名大学生到丹江口大坝进行认识实习。目的是了解大型水利枢纽到底是什么

「丹江口水库」

样子，重点学习了水利枢纽的组成及结构，参观了大坝、厂房、溢流坝、升船机、库区和陶岔渠首，甚至到了大坝内部许多廊道。听大坝管理者介绍工程的建设和运行情况，大坝及水电站结构的各种功能。当时的感觉是大坝及各个部分都是无比巨大的建筑物，与一般的建筑物有很大的不同，体会到设计和建设水利工程需要小心翼翼。那次考察的印象是水利枢纽工程系统复杂，丹江水库库区水体大如海洋，在通往陶岔渠首 1 个多小时的航行中，我对干净的水质印象深刻。当时还有两个事情让我记忆犹新，一是丹江口虽然在湖北，但从武汉得坐火车到襄樊（现在的襄阳），然后再转乘火车，走了一整夜，感觉是很远、很偏僻的地方。另一个是当时丹江口的物价实在便宜，公鸡卖 3 毛钱一斤，母鸡 5 毛钱一斤，同学们用脸盆煮过一锅鸡“打牙祭”。

「加高前的丹江口大坝（2005 年）」

第二次到丹江是在 1997 年，目的是考察长江科学院老虎沟基地。当时院里希望材料所能够接管老虎沟的管理，那里有 300 亩山沟地属于院里资产，是当年丹江口工程施工时的爆破试验基地。我们到老虎沟以后，查看了整个基地及周边环境，地虽然不小，但平地不多，院里为维护基地“主权”，而建设的围墙多有损坏。我们曾经设想在这里建立养殖基地，但终因地区偏远，风险较大，无人愿意来这里经营，而没有实施。来到丹江，当然会参观大坝，还参观了材料所抗冲耐磨现场实验基地。现在该基地已经被拆除作为大坝自备电站引水管之用，而当年偏远的老虎沟基地已经成为城市的一部分。这次带年轻人来看看我们的基地，希望他们能够知道长江科学院在丹江口还有这么大的基地。年轻人比我们有开拓精神，我希望他们能够继承老一辈留下的资产，利用和开发好长江科学院的基地。

「重建前的陶岔取水闸（2005 年）」

第三次到丹江口是 2005 年秋季，我带领刚成立不久的水资源所的年轻人来看看这座真实的水利工程，也考察了大坝、厂房、库区和陶岔。正巧遇到了汉江 10 年不遇的洪水过程，看到了大坝的泄洪。大坝打开闸门泄洪时产生的巨大水流让我们感叹万分，据汉江集团介绍，近 20 年来，由于来水不足，很少弃水泄洪，每年来水都蓄不满水库。考察时最大的感受是汉江的水并不丰富，南水北调中线工程完工后，汉江的水资源会更紧张。

虽然此次来丹江口是第四次，但这次考察的内容、范围和方式与以往大为不同。这次考察是长江科学院党委研究决定的，多年来第一次以院的名义组织开展的科学考察，主要目的是让年轻人了解长江、培养他们通过现场观察和调查，收集资料，从工程实际中提炼科学问题，将理论研究与实际河流及工程结合的能力。近年来，我院新进了许多博士、硕士，由于来自不同的专业，他们对长江、水利工程及现场工作的认识不深，通过考察可使他们逐渐认识长江、水利工程及与河流生态环境的关系，从而增强对水、长江和长江科学院的热爱。

这次考察地点是我选择的，主要理由是：①丹江口水库已经建成 30 多年了，水库清水下泄对下游河道及生态环境影响应该已经显现，是我们研究三峡水库清水下泄对下游河道影响一个很好的案例。②丹江加高工程已经接近为尾声，看看盼望以久的大坝加高后是什么样子，也展望下南水北调中线水源工程的前景。③汉江是长江重要支流，离武汉比较近，也比较典型，又有水文局等单位的帮助，组织考察比较容易。我带了10多位博士，而且包括多名博士后，责任重大，他们可是我院的希望。

水多与水少

考察第一天，我们就到库区和陶岔渠首，看到水库的水还是不错，虽然没有30年前那么清澈、碧蓝，但感觉还是可以，在武汉周边是看不到这样干净的水的。这次来考察的年轻人绝大多数都是第一次到丹江水库，对于跟前这么大的人造水面感叹不已。看到这么多的水，给人的印象是水太多了，应该足够用了。但实际上，这些水是维持水库水位必须的，大部分水是留给死库容的，剩余的水量也仅够不多的发电用水和灌溉用水。近20年来，汉江处于枯水期，入库水量一直偏少，水库多年蓄不满，即使偶有洪水，也需要服从防洪调度，不敢多蓄，防洪毕竟是水库的头号调度目标。如果南水北调中线工程实施后，下泄水量会明显减少，实际上未来汉江水资源是不足的。

「丹江口水源地」

对于库区大面积的水域如何利用是个难题。养鱼，水库太大，涉及两省多个地区，自由放养，很难收获。网箱养殖，又可能产生污染。这一库清水是北京、天津、郑州等城市的未来主要水源，水资源保护是重中之重。库区经济不发达，船舶很少，但看到这么多好水，没有多少作用，而且还要白白蒸发损失掉一些，我们实在感到很可惜。

科学研究与建设速度

来到大坝，看到过去下游坝面预留的锯齿状的台阶和外露的钢筋被平滑的坝面取代，这么快大坝加高工程就完成了，闸门也快修好了。我过去是研究水工结构的，在大坝加高以前，我们一直希望设计部门多做些科学研究，总在想大坝加高还有许多技术问题没有弄清楚，需要研究，等研究清楚了再施工，如新老混凝土结合问题、大坝能否容为一体联合受力，等等。但设计者总认为我们将问题想得太复杂了，问题没有那么严重。学者们也许喜欢“庸人自扰，杞人忧天”，也可能是现在的设计和施工水平提高了，并不需要做太多的科学研究，就将问题解决了。当然，最终的结果还是等工程蓄水后来验证。学者多有疑心病，容易产生极端的想法，这不一定都是坏事，创新的东西往往来自奇特的想象和大胆的设想，对待学者，特别是青年学者应该给予更多的宽容和理解。学者是想问题的，提出新方法和新理论的，而工程师是运用成熟的方法，按照规范或技术标准实现设计蓝图，社会的分工本来如此。

自然平静的汉江

这次考察主要目的是想看看汉江下游河道经过长期的清水下泄，河道及洲滩到底有什么变化。来到王甫洲，只看到了宽阔的库区，浩瀚的水面，过去的河道多已淹没在水中。来到牛首河段，看到水很清，看不到水体有多少泥沙，河床都是卵石，基本没有沙质河床，说明这里是冲刷的，而且已经稳定。为了更仔细地观察河道，我们乘船从襄樊航行到钟祥，100多千米路程，我们走了8个小时，尽管冒着风雨，忍受着寒冷，但对河道和两岸河势看得真切。沿途路过雅口、碾盘山等规划中的梯级水电站坝址。该河段由于是游荡性的，历史上河道反复变动，两岸居民点很少，更看不见城镇，两岸不是林地，就是长满草丛的滩地，显得平静而自然。河道和水面很宽，但水很浅，我们乘的机动船几次都差点搁浅，主泓左右摆动，船只能走“之”字形，想抄近路都不行。据随行的水文局同志介绍，这

100多千米河道都是卵石河道，是丹江口水库长期清水下泄的结果，两岸虽不时出现崩岸、切滩和主泓变动，但由于没有人居住，也没有什么危险，如果这种现象发生在长江干流，也许是大问题，但在这里，好像很自然。给我们印象深刻的是河虽然很宽，但行船很少，如果偶尔看见船只，一定是采砂船和运砂石料的船，几乎没有其他船只。说明汉江中游经济不发达，没有多少物品需要航运，两岸和河道都显得格外平静，像一条原生态的河流。清水下泄虽然对河道有长期冲刷影响，但由于人类活动少，问题也不突出。虽然同流量情况水位出现下降，但对人类影响有限。

航电工程与梯级开发

根据汉江规划，丹江口下游将建设一系列航电梯级，它们都是低水头水电站。已经建成的有王甫洲，即将建成的有崔家营，开始建设的有兴隆等。如果规划的梯级建成，汉江中下游基本都渠化，航道显然会得到改善。但问题是如此宽阔的水面没有多少行船，来往的船绝大多数都是采砂船和运砂船，目前仅靠有限的水力发电，很难还清工程贷款。汉江航运不发达可能有多种原因，我看最主要的原因是沿岸地区经济不发达，没有多少货物需要运输，其次是公路和铁路的竞争，后者快捷、灵活，第三是梯级还没有建成，上下游水位还没有衔接起来，如丹江加高工程升船机正在改建，船只不能过坝，等等，但相信以后的情况会渐渐好起来。

考察的最后一天，我们来到杜家台分洪闸，这座防洪工程曾为汉江和武汉市防洪减灾立下大功。也是新中国成立后，长江委负责规划、设计和建设的第二个主要水利工程，应当让我们的年轻人认识到它的功勋和作用。

杜家台感想

杜家台分蓄洪区位于江汉平原尾部，上起仙桃市杜家台，下至武汉市蔡甸区黄陵矶闸。分、行洪道长74千米，规划分蓄洪总面积626.8平方千米，该分蓄洪区承担着分蓄汉江和长江超额洪水的双重任务，对汉江下游及武汉市的防洪安全起着十分重要的作用。自杜家台分洪闸1956年建成至1984年止，共运用分洪19次，历时累计2176小时，分洪总量达192亿立米。此后，于2005年10月又人为分洪过一次，历时85小时。

自从1968年丹江口水库建成运行后，杜家台分蓄洪运用的次数明显减少，从而给杜家台分蓄洪区内围垦开发创造了条件。而且近20年来，汉江一直偏枯，没有发生大的洪水过程，区内围垦开发建设处于无序状态，上下游、左右岸各自为阵，筑堤、围垸、建闸、插杆网鱼，非法捕猎等现象突出，特别是与水争地，占用行洪滩地，形成多处卡口，严重阻碍了分洪时洪水顺畅下泄，壅高水位，给分洪道堤和分洪区外包线围堤的防洪安全造成极大威胁。

长江防洪工程的三大措施：堤防、水库和分蓄洪区，前两者建设和作用突出，而分蓄洪区且越来越难以使用，三峡、丹江加高以后，人们更容易将防洪的重担放在这些大水库上，这实际上是很危险的。遇特大洪水，分蓄洪区将起到决定性作用，但由于控制性水库建成，分蓄洪区应用的几率大为减少，放着肥沃的土地不利用也是可惜。中国人多地少，分洪区几十年不使用，人们不开发才怪，而一旦过度开发，分蓄洪区应用难度增加，甚至不可能应用。

我看未来防洪工作的重点应该是分蓄洪区的风险分析和风险管理，应该对分蓄洪区进行重新评估、定位、建设和管理，否则，我们规划的大部分分蓄洪区将名存实亡。

汉江水权之争

南水北调中线一期工程于2014年12月12日正式通水，对于解决我国中原、华北及北京市、天津市等地区缺水问题、构建中国水网有重要作用。但该工程实施后，汉江中下游径流量多年平均将减少约16%，加上已经开工的引汉济渭工程，汉江水资源利用率将超过48%，超过国际通用的40%的警戒线，如果未来启动南水北调中线二期工程，汉江中下游干流水量还会减少，必将对我省及汉江中下游地区经济社会发展势带来长期影响。虽然国家在工程建设期间投入巨资进行移民安置，上游及库区也进行了大规模水土保持和环境保护工程，中下游实施了四项补偿工程，但汉江中下游梯级杭电工程尚未建成，鄂北调水工程的实施虽然有效解决了该地区长期干旱缺水问题，但也增加了汉江下游生态环境压力，影响武汉市供水的保障率，所以，汉江存在水权之争，需要协调北调水与汉江用水及生态环境需水关系，汉江上游与下游之间水资源供需矛盾。

两到洪湖

洪湖是我国第七大、湖北第一大淡水湖泊，2000年12月升格为省级湿地自然保护区，2008年升级为国家级湿地自然保护区，是国内外都十分关注的湖泊。

我曾两次带队考察过洪湖，一次是2006年8月，应世界自然基金会的邀请，考察洪湖湿地保护情况。第二次是2011年6月，湖北发生大旱，媒体大量报道洪湖面临干涸，我紧急带领长江科学院20位博士考察干旱中的洪湖。

洪湖历史不长，是古云梦泽消失后的产物，现有面积348.33平方千米，湖底高程22～22.8米，自西向东略有倾斜，西浅东深。平均水深1.35米，洪水期深2.32米。当水位在24.5～26米时，湖水面积可达60万亩，其相应蓄水容积为5.5～8亿立方米。

「洪湖」

洪湖作为地名，最早始见于明朝《嘉靖·沔阳志》所载：”上洪湖，在

「尚留下的少数网箱养鱼设施」

州东南一百二十里，又十里为下洪湖，受郑道、白沙、坝潭诸水，与黄蓬相通”，“夏洪湖大水，湖河不分，容纳无所，泛滥沿岸，诸垸尽没，湖垸不分”。

新中国成立以后，由于过度对洪湖的开发和利用，造成了洪湖湿地生态功能的逐渐衰退。主要表现为：一是水质变差，水禽和天然鱼类减少。水禽由原来的167种减少到40种左右，天然鱼类品种由74种减少到50余种；二是水生植物由过去的472种减少到98种，水草覆盖率由98.6%下降为10%左右；三是湖泊面积萎缩，调蓄能力下降。1960年以后围湖造田，抽排湖水，使湖泊面积由114万亩减少到现在53.3万亩，平均水深1.5米，调蓄功能较50年前减少一半以上。2000年以后，湖北省委省政府提出了“统一规划，综合治理”、“重在还湖，妥善拆围”的拯救洪湖计划，2004年洪湖湿地与世界自然基金会（WWF）签定了湿地保护合作框架协议，旨在提高保护区管理能力、恢复洪湖与长江的联系、恢复洪湖湿地的生命活力。

我第一次考察洪湖的印象是，洪湖已经不再是贺龙在20世纪30年代在此建立红军根据地的样子，没有看到大片被荷叶覆盖的水面，已经没有电影《洪湖赤卫队》中韩英唱着“洪湖水浪打浪”及在荷花中划船的场景。见到的只有大片空荡荡的水面和少数留下的网箱，偶尔可以看见渔船，他们是

「洪湖观鸟屋观测野生鸟」

生活和工作在湖面的专业渔民，吃住都在船上，靠打鱼为生。一些渔船连成片，成为水上社区，我们的午饭也是在这样的渔船餐厅上吃的。当然以吃鱼为主，还有莲藕和荷花。第一次吃上油炸荷花，味道很好。对洪湖的感觉是：洪湖水很浅，可以看见大量沉水植物，但没有大片荷花。我们还乘坐人工划动的小船深入湖区，观看世界自然基金会帮助建设的观鸟屋和廊道，看到一些野生鸟类。在湖湾或者分割的内湖中有成片的荷花、荷叶。经过各方努力，目前洪湖的网箱养渔设施已经大部分拆除，水质开始恢复。

当时我已经感觉到，要恢复洪水生态系统，首先应该帮助水上渔民上岸，不能再以打鱼为生，否则有多少鱼也会打完。二是发展湿地生态旅游，解决当地经济发展问题。据说美国一年的观鸟旅游产业就有上百亿美元的市场，我们也应该寻找出中国湿地的可持续发展之路。

第二次考察是在2011年春夏之交，湖北发生了几十年一遇的持续干旱，据说洪湖水位已经降到了多年来罕见的低水位，并且已经大面积干涸，原本53万亩的湖面急剧缩小至3万亩，裸露出表面硬化龟裂的土层。为了考察旱情对洪湖地区农民、渔民及洪湖水生物的影响，我于6月1日带领长科院一行20人的博士科考团考察了洪湖旱情，并就如何抵御今后还有可能面临的大旱、如何恢复洪湖生物的多样性，与洪湖管理局的领导、国内著名生态学家和世界自然基金会（WWF）的专家等进行了研讨。随后，科考团马不停蹄地辗转到石首天鹅洲长江故道，参加了由长江豚类国家级保护区组织的“江豚软释放”活动。据中科院水生所专家介绍，“软释放”是对人工饲养、繁殖或救护的野生动物通过系列的野化训练，帮助动物逐渐恢复或建立野外生存能力的过程，科考团全体成员见证了人工饲养江豚的首次成功释放。

第二次洪湖考察印象：干旱虽然可能引起巨灾，但灾情发展要看持续的时间和干旱的范围。现代“爆炸式”的新闻报道，容易产生误导。

当年胡锦涛主席和温家宝总理分别考察了干旱中的湖北。当实际上，当年的灾情没有舆论报道的那么严重。我们沿路看到田里的庄家长势良好，没有多少干死的现象，只是少数水稻田得不到进一步的灌溉，可能会减产。大多数水库和湖泊水位偏低，特别是像洪湖这样的公共水域，水面缩小明显，对于水产养殖可能影响更大一些。但当年年底湖北省水产局局长在总结时说："2011 年时我省遭遇 60 年一遇严重干旱，由于采用综合措施，我省水产养殖面积稳定在 1000 万亩，预计总产 370 万吨，同比增产 17 万吨，比上年增 4.8%。"说明即使受干旱影响最严重的水产养殖业，旱灾损失并不大，农业也没有大面积减产，洪湖第二年照样是一片生机勃勃的湖面。第二个印象是我们考察天鹅洲白鳍豚保护区，这里生活着几十头江豚，当年由于干旱，附近农民强行架起许多水泵日夜抽取天鹅洲长江故道的水引向周围的农田和沟渠，为此与保护区管理办公室方式严重冲突，保护区管理办公室打砸，负责的管理员被打成重伤。我们到现场声援保护区时，数十人的农民手拿洋镐和铁锹准备武斗，我们怕他们动真格的，马上全体撤到船上避免冲突。这种场景只是在"文革"时见过，"为水而战"真实地发生了，而且是发生在 2011 年的湖北。当时感受到如果遇到特大干旱，农民可能失去理智，而保护区的水可以任意地抽取，而不管江豚的死活，看来人与自然和谐还需要各方努力才行，特别是当灾害来临时。

「参与白鳍豚国家保护区组织的"江豚软释放"活动」

涨渡湖

我曾多次到过涨渡湖，不仅因为它近，就在武汉市郊的新洲区，而且我们与世界自然基金会有合作项目，目的是推动江湖连通，恢复湖泊湿地

「涨渡湖的地理位置」

生命网络，涨渡湖是主要的示范点。没有想到这么好的项目，但推动起来实在是难。

涨渡湖湿地自然保护区北抵汪集镇，南抵长江，东以举水河为界，西以倒水河为界。所在区地质属新构造运动沉降区，为长江和举、倒二水间的泛滥平原与冲积平原。地势自西北向东南倾斜，涨渡湖地势最低。历史上涨渡湖与举水河、倒水河和长江都十分密切，其水域面积也与三河有关。湖泊蓄水面积 46 平方千米，静态储水量均为 7200 万立方米。涨渡湖区所处的地理位置和独特的地貌特征决定了其具有丰富的生物多样性、物种多样性、基因多样性、遗传多样性和自然景观多样性。但涨渡湖地区是一个冲积平原，生态环境极为脆弱，大别山流失的水土可能淤积涨渡湖，极易使涨渡湖沼泽化和富营养化，近年来涨渡湖出现的湖床抬高、菱角大量生长就是最好的例证。

涨渡湖在历史上与长江大部分时间是连通的，由于防洪、血防、扩大

「被水闸控制的通江水道」

耕地等需要，逐步变为被水闸控制，一年中绝大多数时间与长江隔断的内湖。一旦隔断，再想连通就不容易，如泥沙淤积，更多是管理难题。就拿血吸虫病来说，涨渡湖区曾经是新洲区境内血吸虫病流行疫情最严重的地区之一，由于填埋湖边湿地，水闸设置沉螺池，阻断钉螺活动通道，到20世纪70年代初至80年代末，未发生血吸虫新疫情，只是在1990年和1992年先后两次发生境外输入型血吸虫新感染疫情。与涨渡湖毗邻的垸外江滩叶家洲，自20世纪90年代以来，已成为涨渡湖地区消灭血吸虫病达标后最大的疫源地。以上感染的主要方式是境外感染，如去垸外江滩捕鱼捞虾、放牧、采摘粽叶、挖藜蒿、游泳、防汛抢险等。而在外江区域，挖沟闸外滩在1998年后首次发现有钉螺滋生，主要来源是由挖沟上游长江漂流扩散而来。阻断血吸虫感染通道，对于血吸虫疫情的流行有阻断作用，所以，我们不能简单批评江河阻隔。

「水利部门新建的水闸」

涨渡湖水位的控制，主要是受齐头嘴节制闸和挖沟闸的控制。齐头嘴节制闸将涨渡湖与湖区治理的十里主港分开，挖沟闸将涨渡湖与长江分隔。汛期（除灌江纳苗）时，挖沟闸是关闭的，齐头嘴节制闸通过运用，进行洪水调蓄。当一次暴雨后，齐头咀节制闸将开启，让主港和涨

「水产部门管理的老水闸」

渡湖相通进行洪水调蓄。如涨渡湖水位控制过高，将减少调洪容积，加大围渍堤周围农田的渍害程度，造成农田的减产减收。如水位控制过低，将造成湖区水产品产量减少，提高周边地区的抗旱成本，给抗旱带来了一些不利影响。为了保证各方的利益，使涨渡湖的各种功能得到最大的发挥，武汉市新洲区经过协调，使各方达成了共识，汛期到来之时，水位控制在19.20 米左右，主汛期控制在 19.50 米左右。如汛前水位过高，将通过齐头咀节制闸将水放入主港后，经沐家泾闸排入举水，汛期举水水位过高时将通过齐头咀节制闸将水放入主港后，经沐家泾一泵站、沐家泾二泵站和篾扎湖泵站排入举水和倒水。

根据我们研究，发现闸口调度涉及的利益主体很多，有水利、环保、林业、农业（包括渔业）、卫生（负责血防）等多个部门以及当地农民、渔民等。闸口调度既要满足保护生态和生物多样性的需要，也要考虑到当地社会经济发展的需要。因此，需要合理、协调的调度机制和管理机制，既要保持水和自然生态的协调，也要保持水和社会发展的协调。

鄱阳湖考察

鄱阳湖是我国最大的淡水湖，也是国际重要的湿地和候鸟栖息地，当然是长江流域重要的生态环境敏感区。我曾多次到鄱阳湖，但正规考察是2009 年 5 月参加由民进中央和长江委联合主办的“长江流域湖泊的保护与管理研讨会”。

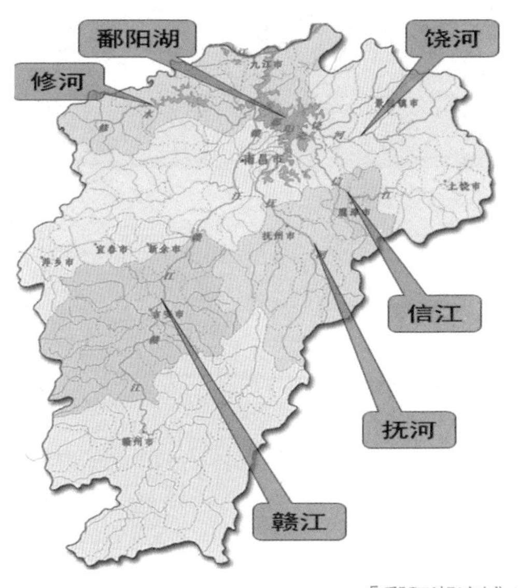

「鄱阳湖流域」

鄱阳湖承纳赣、抚、信、饶、修等五河来水，集雨面积达到 16.2 万平方千米，而鄱阳湖湖区包括入江水道、湖盆与五河尾闾河道等三部分，其边界由天然低丘山地和人工圩堤组成，湖区现有大小圩堤600余座，堤线总长约4000千米，保护约8000平方千米的土地和45万公顷农田、上千万人口。鄱阳湖流域降雨量丰富，与洞庭湖类似，其防洪战线长，防洪过去一直是水利工作的重中之重。

鄱阳湖自然状况有两大显著特点：其一，“高水是湖，低水是河”，实际上是过水型、吞吐型和季节性湖泊，其水位变化受长江水位及五河来水影响。洪枯水位变幅很大，年际最高、最低水位分别为22.59米（吴淞标高，下同）和5.90米，相差可达16.68米，年内最高、最低水位差一般在8.55～15.36米，多年平均值为12.06米。其二，水资源丰沛，水质良好，可利用水资源量大，流域与行政区划高度同一，但五河年际、年内分配不均。全省（流域）年平均水资源总量（湖口站年径流量）约1460亿立方米，全省人均占有水资源量为3600立方米，为全国人均占有的水资源量（2000立方米）的1.8倍。

「鄱阳湖候鸟」

湖区湿地生物多样性丰富，受人类活动影响十分显著。1988年鄱阳湖被批准设立国家级自然保护区；1992年7月，我国政府加入《关于特别是作为水禽栖息地的国际重要湿地公约》，鄱阳湖被列入国际重要湿地名录；1997年鄱阳湖被指定加入了东北亚鹤类保护网络；2000年又被世界自然基金会（WWF）列入“全球重要生态区”；2002年被列入我国重要的生态功能保护区；2002年10月在南非召开的世界生命湖泊大会上，鄱阳湖正式代表中国湖泊加入“世界生命湖泊网”。鄱阳湖有着丰富的鱼类、鸟类等物种资源，是全球95%以上的越冬白鹤栖息地，是我国乃至世界上十分重要的湿地生态功能区之一，承担着调洪蓄水、调节气候、降解污染、维持着生物多种性等生态环境功能。

| 黄河探源 |

黄河是中华文明的母亲河，中国第二大河。发源于青藏高原巴颜喀拉山北麓约古宗列盆地，然后蜿蜒东流，穿越黄土高原及黄淮海大平原，注入渤海。黄河干流全长 5464 千米，水面落差 4480 米，流域总面积 79.5 万平方千米（含内流区面积 4.2 万平方千米）。

黄河概况

黄河是中华文明的母亲河，中国第二大河。发源于青藏高原巴颜喀拉山北麓约古宗列盆地，然后蜿蜒东流，穿越黄土高原及黄淮海大平原，注入渤海。黄河干流全长 5464 千米，水面落差 4480 米，流域总面积 79.5 万平方千米（含内流区面积 4.2 万平方千米）。

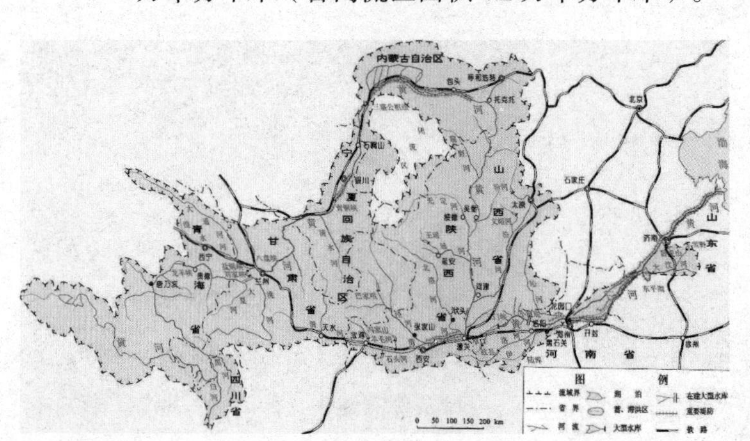

「黄河流域图」

黄河中下游虽然是中国最早的文明发源地，但从地质年代来看，其形成的历史却是十分年轻，其贯通历史比长江还要晚。在距今 115 万年前的早更新世，黄河流域只有一些互不连通的湖盆，各自形成独立的内陆水系，这时长江的金沙江上游与金沙江中下游已经贯通，开始自西向东流。此后，随着西部高原的抬升，河流侵蚀、袭夺，历经 105 万年的中更新世，各湖盆间逐渐连通，构成黄河水系的雏形，到距今 10 万至 1 万年间的晚更新世，黄河才逐步演变成从河源到入海口上下贯通的大河。相比之下三峡在约 100 万年前已经贯通，长江上、中、下游已经完全连通。

黄河干流多弯曲，素有“九曲黄河”之称，河道实际流程为河源至河口直线距离的 2.64 倍。黄河支流众多，从河源的玛曲曲果至入海口，沿途直接流入黄河，流域面积大于 100 平方千米的支流共 220 条，组成黄河水系。支流中面积大于 1000 平方千米的有 76 条，流域面积达 58 万平方千米，占全河集流面积的 77%；大于 1 万平方千米的支流有 11 条，流域面积达 37 万平方千米，占全河集流面积的 50%。由此可知，较大支流是构成黄河流域面积的主体。

黄河河源至内蒙古自治区托克托县的河口镇为上游，河道长 3471.6

千米，流域面积 42.8 万平方千米，占全河流域面积的 53.8%。自河口镇至河南郑州市的桃花峪为中游，河段长 1206.4 千米，流域面积 34.4 万平方千米，占全流域面积的 43.3%，落差 890 米，平均比降为 7.4‰。桃花峪至入海口为下游，流域面积 2.3 万平方千米，仅占全流域面积的 3%，河道长 785.6 千米，落差仅 94 米，比降仅为 1.11‰。黄河下游河道横贯华北平原，绝大部分河段靠堤防约束，河道总面积 4240 平方千米。由于大量泥沙淤积，河道逐年抬高，目前河床高出背河地面 3 ～ 5 米，部分河段如河南封丘曹岗附近高出 10 米，是世界上著名的“地上悬河”，成为淮河、海河水系的分水岭。

黄河流域河川径流量，主要来自上、中游地区，花园口以下为地上悬河，只有大汶河等支流汇入，流域面积仅占全河流域面积的 3%，来水量仅占全河水量的 3.6%，因此一般以花园口站的资料代表黄河年径流的情况，如果加入花园口至黄河入海口的天然年径流量 21 亿立方米，则全河天然年径流总量为 580 亿立方米。

黄河流域河川年径流量地区分布很不平衡，地表径流主要来自兰州以上和龙门至三门峡两个区间，兰州以上控制流域面积占花园口以上流域面积的 30.5%，但年径流量即占花园口年径流量的 57.9%，龙门至三门峡区间流域面积占花园口的 26.1%，年径流量占花园口的 20.3%。兰州至内蒙古河口镇区间集水面积达 16 万平方千米，占花园口的 22.4%，但由于区间的径流损失，河口镇多年平均径流量反而比兰州还小，这是黄河与长江显然不同的地方。

黄河源区分大源区和小源区，其中大源区是指唐乃亥水文站以上地区，源区跨越青海、四川和甘肃 3 个省，总面积达 12 万平方千米，产流量约占黄河流域的 40%，源区以黄河流域 16% 的面积流出了近 40% 的水量，

「黄河壶口」

黄河源是“黄河的水塔”之说源于此。而小源区则指从青海省玛多县多石峡以上河源区，面积仅为2.28万平方千米，流出的水量就没有前者多了。青海省玛多县黄河源区是青海高原的一部分，属湖盆宽谷带，海拔在4200米以上，盆地四周山势雄浑，西有雅拉达泽山，东有阿尼玛卿山（又称积石山），北有布尔汗布达山脉，南以巴颜喀拉山与长江流域为界，湖盆西端的约古宗列曲，是官方认可的黄河发源地。

黄河源的传说与考察

最早有关黄河源的记载是战国时代的《尚书·禹贡》，有“导河积石，至于龙门”之说。所指“积石”，在今青海省循化撒拉族自治县附近，距河源尚有相当的距离。西汉时，张骞出使西域，曾经认为黄河源在于阗（现新疆和田），经罗布湖潜入地下，复出于积石山，后来发现是错误的。唐太宗贞观九年（公元635年），侯君集与李道宗奉命征击吐谷浑，兵次星宿川（即星宿海）达柏海（即扎陵湖）望积石山，观览河源。唐穆宗长庆元年（公元821年）刘元鼎奉使入蕃，途经河源区，得知河源出紫山（即今巴颜喀拉山）。

正式派员勘察河源，是在元代至元十七年（公元1280年），元世祖命荣禄公都实为招讨使，佩金虎符，往求河源，历时4个月，查明两大湖的位置（元史称“二巨泽”，合称“阿剌脑儿”），并上溯到星宿海，之后绘出黄河源地区最早的地图。

清康熙四十三年（公元1704年），命拉锡、舒兰探河源。探源后，他们绘有《星宿河源图》，并撰有《河源记》，指出“源出三支河”，东流入扎陵湖，均可当作黄河源。康熙五十六年（公元1717年），遣喇嘛楚尔沁藏布、兰木占巴等前往河源测图。乾隆年间，齐召南撰写的《水道提纲》中指出：黄河上源三条河，中间一条叫阿尔坦河（即玛曲）是黄河的“本源”。

在新中国成立初的1950年，黄河流域仅有水文站28处，水位站39处，黄河源区没有水文站。1952年黄河水利委员会（以下简称”黄委会”）组织黄河河源查勘队，对黄河河源及从通天河调水入黄河可能性最早的一次查勘测量，历时4个月，确认了历史上所指的玛曲是黄河正源。1955年黄委会组织了第二次河源考察，随后，先后建立玛多、吉迈、军功和唐乃亥等水文站。当时黄河源区不仅自然条件恶劣，而且有土匪活动，1957年黄委会水文局的两位年轻的水文工作者就被土匪杀害在测量的现场。

以后的河源考察多是结合南水北调西线勘测进行的。如1959年黄委会主任亲自带队到云南考察怒江、澜沧江和金沙江向黄河上游调水的可能线路。1978年，黄委会组织22人参加的南水北调西线调查勘测，考察了长江的通天河至黄河源的三条线路，并测绘了扎陵湖和鄂陵湖。1978年青海省人民政府和青海省军区邀请有关单位组成考察组，进行实地考察，提出卡日曲应该作为河源的建议。1985年黄委会根据历史传统和各家意见确认玛曲为黄河正源，并在约古宗列盆地西南隅的玛曲曲果，东经95° 59′ 24″，北纬35° 01′ 18″处，树立了河源标志。1988年黄委会组织30人的规划、设计及勘探队伍考察了黄河源和长江源区。2004年黄委会在李国英主任亲自带领下考察了黄河源区及南水北调西线规划线路。

2008年青海省测绘局与中科院对于三江源进行科学考察，经过测绘，认为卡日曲比玛曲更长，再次建议将卡日曲作为黄河正源。

「黄河源」

黄河源的争议

虽然黄河源的争议比起长江源要少一些，但仍然有不同意见。代表性的意见主要有 2008 年青海省测绘局及中科院刘少创团队对三江源联合科学考察成果，他们与黄河水利委员会确定的成果不同，质疑的问题与长江源类似。

青海测绘局成果

黄河源区有玛曲、卡日曲、多曲三条支流，其中玛曲是黄委会确定的正源，多曲在长度、流量、流域面积等都不及玛曲和卡日曲，故未对其进行科学考察。

玛曲上源有约古宗列曲和玛曲两条支流，经实地考察，以玛多黄河桥为起算点，长度分别是 326 千米和 320 千米，两曲的流域面积分别为 251.557 平方千米和 140.094 平方千米，河口处测量流量分别为 2.13 立方米每秒和 0.77 立方米每秒，约古宗列曲的长度、流量和流域面积均大于玛曲，约古宗列曲应为玛曲的源头。

卡日曲上源有卡日曲、棒咯曲、那扎陇查河和拉哈涌曲等多条支流，以玛多黄河桥为长度起算点，它们的长度分别为 342 千米、340 千米、

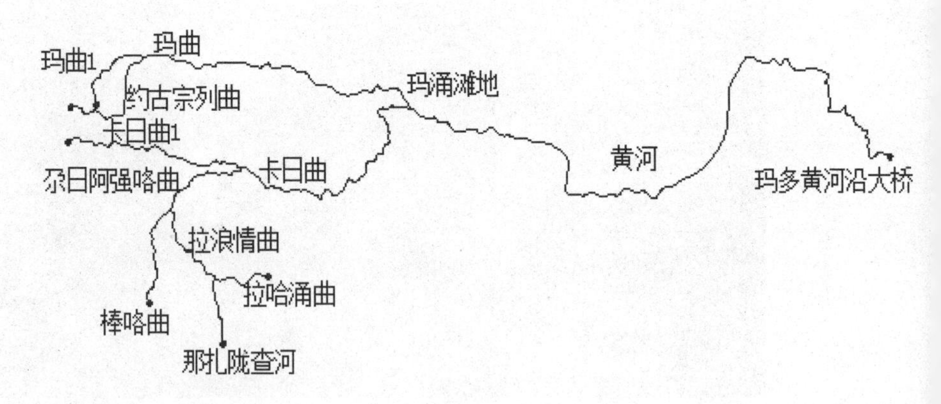

「黄河河源水系示意图」

363 千米和 355 千米，那扎陇查河长度均大于其他三条，那扎陇查河应为卡日曲的源头。

为了确定玛曲和卡日曲两河谁能当黄河源头，测绘局在玛涌滩地，即玛曲与卡日曲交汇处，于 2008 年 10 月 2 日实测得到：玛曲流量 10.97 立方米每秒，卡日曲流量 21.04 立方米每秒。经量测，玛曲流域面积为 0.397 万平方千米（包括扎曲流域面积，也有记载扎曲是黄河的北源），卡日曲流域面积 0.322 万平方千米。从河道地貌发育来看，卡日曲发育于第三纪的红色盆地内，河谷内有两级中更新世至晚更新世的阶地，说明河流至少在中更新世或这以前就已存在。玛曲所流经的主要是第四纪的冲积湖积平原，河谷形态不显著，也没有阶地，河流一直要到晚更新世末至全新世才开始形成，远晚于卡日曲形成的地质年代。

根据历史记载，著名历史地理学家黄盛璋先生和其他学者考证后认为："把卡日曲当作黄河河源似可上推到南北朝。从有文字记载而论，卡日曲是一条最早被认定的河源"。"从历史传统习惯，卡日曲河谷为入藏大通道，唐朝文成公主和李道宗（公元 641 年）、刘元鼎（公元 822 年）均由此入藏，元朝都实（公元 1280 年）认为河源在星宿海西南百余里，明僧宗泐出使西域求经返回（公元 1382 年），所望河源是入藏大道，清阿弥达（公元 1782 年）所穷河源亦为卡日曲。而约古宗列曲仅为清康熙末年（公元 1717 年）喇嘛楚儿沁藏布等人（公元 1717 年）所认定。"从元、清两代三次察勘河源，也多以卡日曲为黄河正源。卡日曲流域面积虽然比玛曲小 0.075 万平方千米，但玛曲若减去扎曲的 0.09 平方千米，卡日曲的流域面积比玛曲大 0.015 平方千米，河长比玛曲长约 35 千米，流量几乎是玛曲的 2 倍。卡日曲自南北朝以来多被认定为黄河正源，形成年代早于玛曲，卡日曲河谷为传统入藏大通道。根据确定正源及源头的依据和原则，卡日曲应为黄河的正源。

黄河水利委员会的观点

黄委会对于上述质疑给出的回答如下：

黄河干流在鄂陵湖以上分为三条河流，靠北的一条称为扎曲（类似长江北源——楚玛尔河），很短，靠南面一条称卡日曲（类似长江南源——当曲），居中而且沿主流方向自西向东的一条称约古宗列曲（玛曲）（类似于长江正源——沱沱河）。

黄河河源的确定就是判断哪一条属于黄河干流，干流确定了，河源问题也就迎刃而解。以河长、流域面积和水量比较，黄委会测量得到卡日曲比玛曲长 15.6 千米，其差值占卡日曲河长的 10.9%，而玛曲的流域面积比卡日曲大 825 平方千米，其差值占玛曲面积的 20.6%，根据黄委会三次瞬时流量测量，卡日曲有两次大于玛曲。

以河流形态、走向和比降比较，当河源区有两条以上支流，且河长和面积接近时，根据河流溯源贯通原理，选择河流宽广、顺直，上下段自然延伸的一条作为干流。在航测地形图上可清晰看出，北面的扎曲和南面的卡日曲都有一个近 90 度的转弯，只有玛曲是居三河之中，河势顺直，与黄河保持流向一致，这点与长江的沱沱河类似。

河道比降也是判断干支流是一个因素，在玛曲和卡日曲汇合口以上 55 千米河段内，玛曲河段比降 1.0%，卡日曲为 1.7%，玛曲河道比卡日曲平缓，卡日曲的水流是向玛曲流的。

从河源区的地理形势看，卡日曲及其支流的流向与主流方向有较大的差距。卡日曲支流拉浪情曲及拉浪情曲支流那扎陇查河是自东向西流，三条支流汇合后的卡日曲在汇入干流时向南拐了一个弯，流经宽度不到 4 千米的山川狭地。而玛曲流经一个约 300 平方千米宽广平缓的盆地（玛涌），玛曲源头位于巴颜喀拉山主峰雅拉达泽山的西麓，西南与长江的通天河相邻，西北与内陆河格尔木河遥望，玛曲源头恰处在三大流域的鼎立之处，雅拉达泽峰海拔 5214 米，称为雪山的儿子，守望着黄河源，气势雄伟，而卡日曲源头仅处于黄河和长江的分水岭。

从历史上看，自魏晋南北朝至明清，我国古代各族人民对于黄河源进行过多次实地查勘，初步认定了与现今基本相同的河源，这些认识有大量文字记载，如明朝的《望河源》诗，清朝的《水道提纲》以及各水道地图都把扎陵湖以西的三条河的正中一条作为黄河的河源。虽然当时的科学技术有限，绘图精度很差，但是以与主流方向一致来确定黄河源的认识基本正确，而当地藏民很早就把黄河干流称为玛曲，当地居民也把从甘肃玛曲县以西约1000千米的黄河称为玛曲，并延伸到玛曲源头，可见汉语中的黄河与藏语中的玛曲是一致的。国务院于2002年7月和2008年8月批复的《黄河近期重点治理开发规划》和《黄河流域防洪规划》中，均以约古宗列盆地（玛曲发源于其中）为黄河发源地。1999年水利部和青海省政府共同将“黄河源”碑立于玛曲源头。所以，从黄河河源的自然特征和当地的历史渊源、人文传承角度，确定玛曲为黄河正源是合适的。

黄河源考察感受

2012年，我们准备到长江源区的通天河进行考察，在从西宁到玉树的路途中，专门抽出时间顺道考察了黄河源区，试图通过比较，看看长江源与黄河源区有什么差别。

从西宁出发，沿214国道，在通往玉树的途中，我们首先达到玛多县，然后向西走了60千米的土路，其中看到黄河上第一个径流式水电站，仅在鄂陵湖下游20千米处，然后达到黄河源区的鄂陵湖。它又称鄂灵海，古称柏海，藏语称错鄂朗，意为蓝色长湖。这里虽然离黄河源头还有200多千米，但对于内地人来说，应该算是黄河源了，因为其地理位置跟长江源的沱沱河沿差不多，沱沱河沿就立有国家领导人题的“长江源”碑，许多内地人达到沱沱河沿都会参观该碑，并合影留念，算达到长江源了。而站在鄂陵湖边的牛头碑上，不仅可以看到鄂陵湖，也可以瞭望到扎陵湖，应该也算是黄河源了。在鄂陵湖，我们采集了水样带回武汉进行检验。下午赶回214国道，又离开国道向东走了几十千米十分颠簸、泥泞的土路达到玛沁县下大五乡阿尼玛卿雪山下的格日寺。阿尼玛卿山不仅是黄河流域内的最高峰，海拔6282米，比河源地还高，而且是藏族四大圣山之一，许多藏民会赶到这里转山。我们的运气不好，遇到下雨和大雾，不仅无法前行，而且雨雾笼罩了大雪山的真面貌。当晚我们只有留住在海拔4200米的寺庙中，度过了一个难熬的雨夜。有趣的是，当晚11点多钟，我和司机陈林见到了格日寺活佛才仁拉加。陈林反复跟我说，见到活佛不容易，他是听说我们是进行科学考察，保护江源才同意见我们的。他很虔诚地向活佛捐赠了事先准备好的新票子作香火钱，而我与活佛畅谈了佛教的一些

「黄河源」

历史及发展情况，这可是我第一次与一位活佛深入交谈。

由于我们刚从低处的西宁赶来，自然有高原反应，夜里虽然睡不好，但也大约感受了下与活佛的谈话，并回顾了一下黄河源区的印象。总体感觉是黄河源区水多，而且雨多。据当地人说，21世纪初以前的30多年，黄河源比较干燥，所以，鄂陵湖和扎陵湖面积都曾大范围缩小，水位曾经下降2米以上，加上过度放牧和鼠害等原因，黄河源区生态系统曾经受到严重影响。自从2006年以后，黄河源区降雨量明显增多，早先听到的鄂陵湖缩小的情况已经明显改观，这里不仅与黄河中下游有明显差距，而且与长江源区也有差别。比长江源区湿润，植被也比临近的长江源区要好。正好自2005年以后，国家开始实施三江源生态补偿计划，投入了大量资金，开展了大规模的生态环境保护工作，如封山育林、退牧还草、生态移民、小城镇建设、后续产业发展、生态系统监测等，降水持续增加和生态补偿工程的实施，两者结合使黄河源区生态环境状态和水源涵养情况明显好转，但不清楚两者谁是主要贡献者。

再一个感受是生活在黄河源区的人口比长江源区多，原因可能是黄河源区高程相对低些，植被也好些，离省城近些。以曲麻莱县城为例，曲麻莱县城紧挨长江上游干流的通天河，但却自称是黄河第一县，因为该县面积很大，黄河源虽距县城超过100千米，却仍在县域范围内。对于通天河而言，曲麻莱只是普通调度沿河城市，面对黄河来说，它却是发源地，两者相比，还黄河发源地的影响力更大些。

黄河源考察虽然历时很短，但给我的记忆却长久地留存于脑海，如有机会，我希望能再去一次。

澜沧江探源

澜沧江是湄公河上游在中国境内河段的名称，藏语拉楚，意思为“獐子河”，它是中国西南地区的大河之一，也是东南亚第一长河。湄公河全长4180千米，流域总面积81.1万平方千米，与黄河流域面积相当。湄公河流经中国、老挝、缅甸、泰国、柬埔寨和越南，于越南胡志明市流入南中国海，是亚洲流经国家最多的河流。

澜沧江概况

澜沧江是湄公河上游在中国境内河段的名称，藏语拉楚，意思为“獐子河”，它是中国西南地区的大河之一，也是东南亚第一长河。湄公河全长 4180 千米，流域总面积 81.1 万平方千米，与黄河流域面积相当。湄公河流经中国、老挝、缅甸、泰国、柬埔寨和越南，于越南胡志明市流入南中国海，是亚洲流经国家最多的河流。

澜沧江发源于我国青海省唐古拉山，源头海拔 5200 米，主干流总长度 2139 千米，流域面积 16.48 万平方千米，多年平均地表径流总量为 741.5 亿立方米，流经青海、西藏和云南三省，在云南省西双版纳傣族自治州勐腊县出境成为老挝和缅甸的界河，出境后始称为湄公河(Mekong River)。

「澜沧江」

澜沧江流域河道狭窄，两岸支流一般短小，水系不甚发育。其中西藏昌都以上为上游段，海拔多在 4000 ～ 5000 米，其上游有东西两支，西支为昂曲，东支为扎曲。扎曲河长 518 千米，昂曲河长 364 千米，因扎曲较长，故将扎曲定为澜沧江的正源。

各种资料上记载的关于澜沧江的源头有多种说法，因源头不同，河流长度也有多种说法，由此而估测的湄公河长度从 4200 千米到最长 4880 千米不等。当地藏民对于扎曲的发源地主要有两种说法，一种是扎那曲上游的扎那日根山，另一种是扎阿曲上游的扎西气娃湖，长江委确认的正源是扎阿曲上游，位于东经 94° 41′ 44″、北纬 33° 42′ 31″，海拔 5224 米的拉赛贡玛的功德木扎山上，在青海省玉树州杂多县境内。

澜沧江源

虽然江河源中，澜沧江源区面积最小，但澜沧江源区水系的复杂程度不亚于长江源和黄河源，源区不仅水系复杂，而且交通更为困难，以致至今没有一个考察队走完澜沧江源区的主要源头。

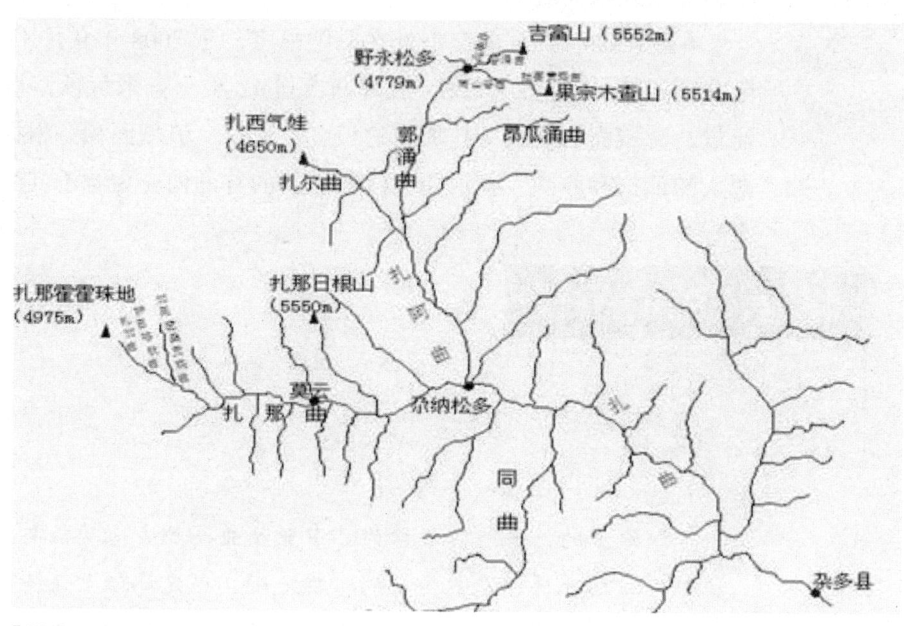

「澜沧江源区水系示意图」

澜沧江上游干流段称为扎曲，扎曲囊谦以上称为澜沧江源区，扎曲上游有两源，北源扎阿曲和西源扎那曲（也有人称南源），这两源的源头在何处有不同的说法。

西源扎那曲，一种说法是：扎那曲由萨日咯钦曲和加果空桑贡玛曲组成。如果以杂多县城萨呼腾镇为起算点，加果空桑贡玛曲的长度 204 千米，流域面积 96.763 平方千米，河口处流量 1.95 立方米每秒；萨日咯钦曲的长度 201 千米，流域面积 130.912 平方千米，河口处流量 1.00 立方米每秒。加果空桑贡玛曲长度、流量均大于萨日咯钦曲，而流域面积要小一些。根据确定正源及源头的原则，加果空桑贡玛曲应为扎那曲的源头。另一种说法是法国探险家佩塞尔确定的扎那霍霍珠地。

北源扎阿曲，由郭涌曲、昂瓜涌曲组成。郭涌曲又由谷涌曲和拉赛贡玛曲组成，如以交汇处为长度起算点，则两地分别长 22 千米和 20 千米。如果以杂多县城萨呼腾镇为起算点，昂瓜涌曲长度 203 千米、河口处流量 7.76 立方米每秒，郭涌曲长度 207 千米，河口处流量 9.41 立方米每秒。郭涌曲均大于昂瓜涌曲。根据确定正源及源头的依据和原则，郭涌曲的谷涌曲应为扎阿曲的源头。

在扎阿曲、扎那曲交汇处在尕纳松多，于 2008 年 9 月 13 日实测，扎阿曲流量 66.67 立方米每秒，扎那曲流量 42.20 立方米每秒，扎阿曲的长度、流量、流域面积均大于扎那曲的长度、流量、流域面积。根据确定正源及源头的依据和原则，扎阿曲支流郭涌曲的谷涌曲应为澜沧江的正源。

澜沧江源的争议

澜沧江的多元源说

澜沧江的源头地区被称为“中亚细亚高原上地势最高和人烟足迹最难到达的地区，是最内层的心脏地带，也是地球上最险恶的地区之一，在盛夏时节经常遭冰雹袭击，是狼和鹰及多种野生动物经常出投之地”。

直到 20 世纪 80 年代，中国科学院组织的青藏高原科学考察队因多种条件限制，未能进入该地区。《中国水系大词典》称澜沧江源出青海省治多县北部分水岭西侧唐古拉山西南麓，《中国大百科全书，中国地理》称澜沧江源于青藏高原，上源有二，东源扎曲，西源昂曲，都出自唐古拉山。在一些科技书刊和发表的论文中对上述澜沧江发源地也多见引用和报导。为此，历来关于澜沧江的正源问题说法不一，有关涉及正源的文献资料，对正源的确定及认识大多出自地形图或依据当地群众的习惯叫法。由于缺少野外考察的实际资料，有些文献甚至将上游两条河（扎那曲、扎阿曲）混为同一条河。

澜沧江源区位于青藏高原，地质、地貌及水系复杂，过去基本没有公路通入，近百年来进入源区科学考察团队是三江源中最少的。19 世纪和 20 世纪早期，只有少数外国探险家深入，大多数仅达到扎曲和扎那曲附近。而当地藏民对于扎曲源地也有两种说法：一种是扎那曲上游的扎那日根山，另一种是扎阿曲上游的扎西气娃湖，主要来源于这两处是五世达赖曾经到过或者住过的地方，都是藏传佛教的圣地，一个是圣山，一个是圣湖。尽管近些年来科学家发现扎阿曲上游郭永曲的吉富山或者果宗木查山才是真正的澜沧江源，但当地藏民仍然认为前者是澜沧江源，至少应该算作“文化源”，而依据科学方法发现的江源只能称为“地理源”。

「长江科学院考察队在尕拉松多吃午饭」

「雨后的扎那曲莫云段看见牦牛都敢过河，长江科学院的车队当然也敢跨越」

1995 年 5 月 19 日，《参考消息》刊登《长江和湄公河源头有新说》（钟元贞译），介绍了英国《星期日独立报》4 月 30 日的报道，题为探险者欢呼 90 年代是“发现的黄金时代”（记者杰弗里 • 利恩）。皇家地理学会 165 年来一直是世界探险记录的注册处，它已被通知发现了世界上最长河流中的两条：湄公河和长江的新源头。主要依据是 1995 年法国人佩塞尔获准与两名同伴寻找湄公河的发源地，最终，他们确定了湄公河发源地的精确位置在海拔 4975 米高的鲁布萨山口（Rup— Sa Pass）。佩塞尔博士描绘说：它“完全不引人注意，只不过是一块渗出水来的沼泽地”。而根据中国科学家实地考察发现：不论是扎那日根山、扎西气娃湖或鲁布萨山口，作为澜沧江的发源地都是不科学的。

扎那日根位于澜沧江西源扎那曲的中游莫云乡北约17千米处，地理位置是北纬33° 19′ 20″，东经94° 13′ 40″，山峰海拔高程5550米，发源于扎那日根山的埋荀曲和查日曲只是扎那曲中游的两个小支流。而扎西气娃湖位于扎阿曲上游的沼泽地，地理位置是北纬33° 34′ 15″，东经94° 18′ 14″，海拔高程4650米，扎西气娃湖是由沼泽地中几个面积很小的小湖相连而成，由扎西气娃湖流出的水流在扎阿曲总水量中仅占很小的一部分。藏语中扎那日根山是圣山，扎西气娃湖为“吉祥湖”，都是传说中五世达赖喇嘛曾经到过或者住过的地方，具有宗教文化色彩，以这两个具有神圣意义的地点作为扎曲的源头是不足为奇的，但它们均不能作为严格科学意义上的正源。

声称发现湄公河新源头的法国探险队长米歇尔·佩塞尔和两名同伴所说的鲁布萨山口，与1:10万地形图所标的吾拢达同音（上述报导未注明经纬度），实为扎那曲西南方向的一小支流，它是陇冒曲的发源地，河长只有12千米左右，而真正的扎那曲正源应为扎那周底上游的扎加曲，河长约28千米，发源于流域西部的沼泽地，为一沼泽补给源，源头海拔4976米。扎阿曲的正源应为郭涌曲，发源于流域北部的高山，系一冰川补给源。

澜沧江正源的确定

「红色的西源扎那曲与白色的北源扎阿曲汇合点——尕拉松多远景」

由于澜沧江源区水系复杂，而且相关测绘及地图资料缺乏，20年以前，关于澜沧江正源仍然出现多种说法，如《青海省志·长江黄河澜沧江源志》将扎那曲的加果空桑贡玛曲确定为正源，近年来，长江水利委员会在编制澜沧江流域综合规划时采用扎阿曲的拉赛贡玛曲为正源，主要原因是专业的实地科学考察少，可利用的测绘资料少。近 20 年来比较正式的澜沧江科学院考察仅有以下几次：

1994 年由中国科学院与日本东京农业大学共同组织了澜沧江科学考察，对澜沧江上、中游及源头地区的水文、水化学、地貌、气候及自然资源等开展了历时 3 个月的综合科学考察，获得了大量的第一手资料，并确认了澜沧江的正源为扎阿曲，发源于青海省玉树藏族自治州杂多县扎青乡海拔 5167 米的拉赛贡马山（当地称赛错山），长江水利委员会实际上也采用了此成果。

澜沧江上游的扎曲在尕纳松多以上分为两支，一支为扎那曲，另一支为扎阿曲。根据十万分之一地形图量测，扎那曲河长 90.7 千米，扎阿曲河长 93.3 千米，两者相差不多，而流域面积，扎那曲为 1983 平方千米，扎阿曲为 2560 平方千米，后者显然大些。1994 年 9 月 4 日下午 2 时，科考队在交汇处尕纳松多进行了实地测量，测得扎那曲流量 10.6 立方米每秒，河宽 30.0 米，平均水深 0.33 米，平均流速 1.067 米每秒。因扎那曲 9 月 3 日有一场降雨，所以测流时扎那曲河水混浊，所测得的流量可能比平时偏大。同时测得扎阿曲流量 54.9 立方米每秒，河宽 40.0 米，平均水深 0.726 米，平均流速 1.89 米每秒，显然，扎阿曲要大几倍。由以上数据可以看出，扎阿曲无论是河长、河宽、流域面积、流量还是流速，均比扎那曲要大，所以，确认扎阿曲应为澜沧江的正源，它发源于拉赛贡玛山（当地也叫赛错山，东经 94° 41′ 35″，北纬 33° 44′ 13″），其山顶上有一面积为 0.4 千米，海拔 5167 米的小冰川末端，从冰川末端下来的水流经高山西谷，过郭涌曲后进入扎阿曲。只是由于当时野外考察时间紧张，中方专家未能到达扎阿曲的源头考察，错把拉赛贡玛（源头小河）当成拉赛贡玛山。

1994 年 9 月，法国人米歇尔 • 佩塞尔（Michet Peisse）同他的两个同伴对澜沧江源头进行探险考察，在当地老乡的带领下，最终，他们到达扎那曲上游的扎加曲源头所在地——扎那霍霍珠地，距尕纳松多 93.0 千米。米歇尔 • 佩塞尔在《湄公河的发现》一书中介绍湄公河的源头位于东经 93° 52′ 56″，北纬 33° 16′ 32″，海拔 16322 英尺（4975 米），此处正是扎那曲上游扎加曲的源头所在地——扎那霍霍珠地。

1999 年 6 月，中国科学院遥感应用研究所刹少创博士对澜沧江源头进行了为期 13 天的野外探险考察，他们的结论是：扎阿曲上游的吉富山是澜沧江（湄公河）源头，它位于青海省治多县和杂多县的交界处，东经 94° 41′ 12″、北纬 33° 45′ 35″，海拔 5552 米。

1999 年 6—7 月，中国科学院地理科学与资源研究所的部分科研人员参加了澜沧江源头科学探险考察队，对澜沧江源头地区的河流水文、水化学、动植物、冰川、地貌、地质等进行综合科学考察，考察队利用全球定位系统（GPS），卫星遥感系统（SRS）和地理信息系统（GIS）等现代科学技术，确定了澜沧江（湄公河）的正源及其源头。它的正源为扎阿曲，发源于青海省玉树藏族自治州杂多县扎青乡海拔 5514 米的果宗木查山。在尕纳松多，1994 年所测扎阿曲河水的流量是 54.9 立方米每秒，扎那曲河水流量是 10.5 立方米每秒，1999 年所测扎阿曲河水的流量是 117.4 立方米每秒，扎那曲河水流量是 32.3 立方米每秒。两次测量的扎阿曲流量分别是扎那曲流量的 5.2 倍和 3.6 倍。通过对校正后的 TM 卫星影像的解译，并利用计算机计算得到的结果是扎阿曲自尕纳松多到果宗木查的河长 101.1 千米，扎那曲自尕纳松多到扎加曲源头扎那霍霍珠地的河长为 93.0 千米，扎阿曲流域面积是 2634.0 平方千米，扎那曲流域面积是 1999.3 平方千米。由以上数据可以看出，扎阿曲无论是河长、流域面积，还是流量等均比扎那曲要大。在交汇处，扎阿曲的流向为由北向南，扎那曲的流向为由西向东，交汇后的扎曲则是流向东南偏南方向，扎阿曲与扎曲的走向较为一致。因此扎阿曲应为澜沧江的正源。

澜沧江的正源确定为扎阿曲，那么它的源头在什么地方？经观测研究，在扎阿曲众多的支流中，郭涌曲为扎阿曲上游的主要支流，也是扎阿曲最长、流量最大的支流，其上游有两条主要支流，一是高山谷西，发源于果宗木查山，为冰川补给源；二是高地扑，发源于吉富山（东经 94° 41′ 12″，北纬 33° 45′ 35″）。这两条支流在野永松多（东经 94° 31′ 26″，、北纬 30° 44′ 18″，海拔 4779 米）汇合后称郭涌曲。为确定果宗术查山和吉富山谁是澜沧江源头，他们通过对校正后的 1998 年 9 月的 TM 卫星影像的详细分析，利用计算机计算高山谷西的河长为 22.59 千米，集水面积为 97.25 平方千米，集水范围内有现代冰川面积 2.78 平方千米；高地扑的河流长度为 21.62 千米，集水面积为 78.83 平方千米，集水范围内有现代冰川面积0.60平方千米。1999年9月14日下午4时，利用LS25—3A型旋浆式流速仪在两河交汇处的野永松多进行了实地测量，高山谷西河水流量为9.55立方米每秒，高地扑的河水流量为7.94立方米每秒，高山谷西的流量超过高地扑20%。

从以上数据可以看出：高山谷西的河长、流域面积、河水流量均比高地扑大，而且高地扑上游从谷涌曲到吉富山的河流为季节性河流，吉富山上的现代冰川又是分布在长江流域范围内的，其冰川融水注入长江，因此，他们认为果宗木查山应为澜沧江正源的源头。澜沧江源头有现代冰川融水补给，其现代冰川面积0.67平方千米，其源头的地理位置是东经94°41′44″，北纬33°42′31″，冰川末端的海拔高度为5224米，冰川溶化的汩汩细流汇入拉塞贡玛曲，流入高山谷西，在野永松多与高地扑汇合后称郭涌曲。

而刘少创在2008年考察后仍然认为谷涌曲为正源，他们分别测量流量谷涌曲为2.48立方米每秒，而拉塞贡玛曲为2.31立方米每秒，长度两者基本一样，前者207.4千米，后者206.03千米。

2012年和2014年，长江科学院两次达到澜沧江源区考察，第一次达到了扎曲的囊谦和杂多，2014年第二次澜沧江考察达到了扎曲的杂多、扎那曲的莫云段和扎阿曲与扎那曲交汇处尕纳松多等地,并且进行了水量、水质和水生态的测量和采样。

由于澜沧江源区水系的复杂性和源区自然条件的限制，每一次科学考察都会有新的发现和新的认识，即使是中国科学院地理所的科学家，不同的考察队对于源区的认识有不一致的看法。原因很简单，澜沧江源区虽然面积不算很大，但道路少，山区

「在尕拉松多树立中国科学考察第一座纪念碑」

河流水文数据每天，甚至每个小时都不一样，没有固定的水文站，也就没有权威的数据，每次考察测量的数字都是瞬时水量，瞬时水量与当天及前几天上游地区的降雨关系很大。再说地图，目前可利用的数字地图不过5万分之一，遥感数据精度有限，再精确的数字地图就需要现场航拍，因为一般的无人机无法飞到那里，4～5级支流都属于小溪之类的，有时甚至断流，所以，目前没有办法准确确定真正的源头位置就不足为奇了。目前比较一致的结论是扎阿曲为澜沧江正源，而扎那曲和扎阿曲他们各自的源头究竟在哪里，仍然有不同的看法。这说明澜沧江源区水系仍然存在值得探索的问题。

雅鲁藏布江考察

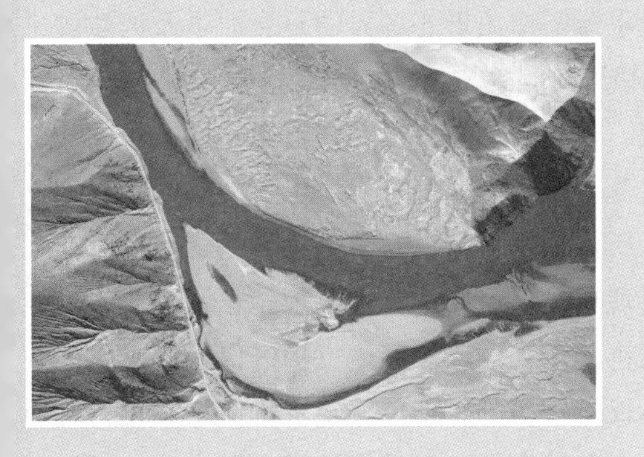

雅鲁藏布江发源于西藏西南部喜马拉雅山北麓的杰马央宗冰川，上游段称马泉河，由西向东横贯西藏南部，绕过喜马拉雅山脉最东端的南迦巴瓦峰转向南流，经巴昔卡村出中国境。在藏语中，“雅鲁”和“雅砻”是一个意思，指的是从天上来，而雅砻本身也是一个地名，即今天的西藏山南地区，“藏布”的意思是江。这条江流经藏族文明的主要发源地，被藏族视为“摇篮”和“母亲河”。

二上尼洋河

为了参加国家自然科学基金委在林芝举办的“大江大河河源区河网结构与径流特性基础研究”的双清论坛，刚过了五一，我就踏上了第二次到西藏林芝的行程，看到了阔别 6 年的尼洋河。

第一次到林芝是 2009 年参加长江水利委员会尼洋河综合考察团，当时在林芝呆了一周时间，走完了整条尼洋河，从上游源头一直到入雅鲁藏布江入口，那次是我第一次到西藏，也是第一次在海拔 2900 米的高原住宿，开始体验高原反应。当时考察后最深刻的感受是尼洋河是中国最美的河流，不仅有在蓝天白云下的急促奔腾的水流，而且有世界上最美的河滩湿地，在平均 3 ～ 8 千米宽的河谷间被水流塑造出形态各异的复合河道及河滩湿地，世界上几乎所有的河道类型和河滩湿地类型都可以在这里发现，分汊、辫状、网状和直流河道交叉出现，甚至有多级分汊，塑造出不同大小的沙滩、卵石滩、草滩、灌木丛，成片小树林的岛等，岸边也有片状的的青稞或者油菜田，感觉这里太美了。所以，在谈论尼洋河综合规划思路的大会上，我发表了自己的看法，主要观点是反对在干流上建坝，也不赞成河道整治，控制水流走向，建议应该将其作为国家级湿地保护区保护起来。因为其生态环境价值和旅游价值不仅是永恒的，即使就经济价值来算也将超过水力发电。我们已经没有多少自然河流了，应该保护具有巨大生态环境及社会价值的尼洋河湿地。当时在会上我的观点并非主流，但不少专家和领导会下给我说，他们很赞同我的观点，长江委主要领导在会议总结时也部分肯定了我的建议。

这次来尼洋河，我也不停地向同行的学者介绍尼洋河湿地的美，从成都飞往林芝的最后一段路线航线就是穿越尼洋河峡谷，飞机在两山间的河谷中飞行，从飞机上可以清楚看到尼洋河蜿蜒的、多分汊的河型及湿地。林芝机场位于尼洋河出口附近的米林县，从机场到林芝市（八一镇）50 千米路程也是沿着尼洋河边道路溯河而上，可以沿路看到尼洋河湿地。

然而这次路过尼洋河，我发现它变了很多，马路上不仅看不到自由散步的藏猪，而且河滩湿地开发利用力度太大。原有的河边道路修好了，都是柏油路，而且旁边正在修建拉萨到林芝的高速路和铁路，河滩地上修建了不少砂石料场，一些河滩被翻得乱七八糟，堆石、沙山掩盖了美丽的河滩，到八一镇附近的河滩湿地更是被大量占用，正在开发房地产，华能等大型水电站企业也在这里“安营扎寨”，修建了大面积的开发基地。八一镇上的各类汽车多了很多，人过马路都得十分小心，哪有藏猪散步的地方，城区及河滩上到处是修建房屋的塔吊车，一片繁荣。现在才五月初，还没有到旅游季节，这里已经开始热闹。

林芝是西藏海拔最低，森林、湿地资源和氧气最丰富的地区，也是西藏自治州最宜居的地方，在这里开发房地产具有良好的经济价值，听说这里的房价已经五六千了，与内地二线城市房价差不多，而尼洋河地区到处都是山地，只有河谷和河滩地可以用来修路和居住，开发和利用河滩及湿地好像情有可原，也许是不得已而为之。路修好了，房修多了，旅游条件大为改善，对于地方经济发展是有好处，但看到美丽的尼洋河湿地被逐渐吞噬，我还是感到心痛。听当地西藏大学农牧学院的老师说，这里的PM2.5已经达到40左右，属于国家优秀标准，但常常超过联合国推荐的35的标准，虽然比内地空气质量好很多，依然是蓝天白云，但已经没有原来的好，与西方发达国家也有一定差距。据说这里的PM10也有超标的地方，采砂石、修路和汽车造成的粉尘是主要原因。林芝最美最大的价值在尼洋河湿地，而可利用的土地也在湿地，怎么办？

「尼洋河湿地」

林芝、尼洋河不仅是西藏最美最好的地方，而且全中国人和世界上许多人向往的地方，应该将保护放在首位，如果尼洋河的湿地损害了，这里将暗淡失色，就没有那么好了。

雅鲁藏布江考察

雅鲁藏布江

雅鲁藏布江（以下简称雅江）发源于西藏西南部喜马拉雅山北麓的杰马央宗冰川，上游段称马泉河，由西向东横贯西藏南部，绕过喜马拉雅山脉最东端的南迦巴瓦峰转向南流，经巴昔卡村出中国境。

在藏语中，“雅鲁”和“雅砻”是一个意思，指的是从天上来，而雅砻本身也是一个地名，即今天的西藏山南地区，“藏布”的意思是江。这条江最终被命名为“雅鲁藏布江”。雅江流经藏族文明的主要发源地，被藏族视为“摇篮”和“母亲河”。

「雅鲁藏布江峡谷段」

雅江全长2840千米，流域面积约93.5万平方千米，其中在中国境内长度2057千米，总落差5435米，流域面积24.2万平方千米。雅江流域东西狭长，南北窄短，东西最大长度约1500千米，而南北最大宽度只有290千米。

雅江上游从杰马央宗冰川的末端至里孜，河长268千米，集水面积26200平方千米，河谷宽达1～10千米。桑木张以下河段称马泉河，平均海拔5200米以上。水流平缓，江心湖和汊流发育，两岸大片沼泽地内栖息着许多水鸟。中游从里孜到派乡，河长1293千米，集水面积163951平方千米，两岸支流众多。这里海拔已降到4500米以下。中游河段呈宽窄相间的串珠状。在宽谷段，谷底宽达2～8千米，水面宽100～200米，有河漫滩，也有高出水面10～120米的阶地。水流平缓，河道平均坡降1‰以下。站在两侧山地俯瞰宽谷，但见蓝绿色的江面和金光灿灿的沙洲相间，构成特有的辫状水系。在峡谷段，河谷呈V形，两岸山体陡峻，谷底宽50～100米，水流湍急。两岸陡壁悬崖，中间流急浪高，水势奔腾咆哮，谷坡以崩塌为主的物质移动十分强烈。最有名的是桑日县的加查峡谷，长42千米，宽只有30～40米，落差竟达300多米。在加查峡谷中，由于坚硬的基岩和横向断裂的作用，或由于大块崩石的堵塞，河床分别在增和尼阿日喀等两处形成相对高4.8米和5.2米的瀑布。在这里，江流以雷霆万钧之势奔流而下，激起一串串乳白色的浪花和水雾，使人惊心动魄。

「雅江中游典型河谷」

雅江中游集中了雅江的几条主要支流，如拉喀藏布、年楚河、拉萨河、尼洋河等。这些巨大的支流不但提供了丰富的水量，而且提供了宽广的平原，如拉喀藏布下游河谷平原、日喀则平原、拉萨河谷平原、尼洋河林芝河谷平原等。这些河谷平原海拔都在4100米以下，一般宽2～3千米，最宽可达6～7千米，沿河长可达数十千米。这里水利灌溉和机械化条件都较优越，阡陌相连，人烟稠密，是西藏最主要的和最富庶的农业区，也是主要的粮食作物基地和高产稳产农田的发展场所。

雅江中游还是西藏一些重要城镇的所在。如自治区首府、“日光城”拉萨、第二大城市古城日喀则、具有抗英斗争光荣历史的英雄城市江孜、新兴的工业城市林芝、山南重镇泽当等等，都坐落在流域内一些支流的中、下游河谷平原上，它们都是西藏工农业经济、贸易、政治文化和交通中心。

雅江下游从派镇到巴昔卡村，河长496千米，集水面积49959平方千米。

河流从米林县里龙附近开始逐渐折向东北流，经派乡转为北东流向至帕隆藏布汇入后，骤然急转南流进入连续高山峡谷段，经巴昔卡流入印度。在大拐弯顶部两侧，有海拔7294米的加拉白垒峰和7782米的南迦巴瓦峰。从南迦巴瓦峰到南到墨脱县巴昔卡村（海拔115米）的雅江的水面垂直高差达到7667米，可称为世界上切割最深的峡谷段。从峰顶的冰川和永久积雪带到谷地的热带，构成了垂直地带。大拐弯峡谷历来以它的雄伟峻险和奇特的转折而闻名于世。那里的雅江就像深嵌在巨斧辟开的狭缝里一样。谷底是呼啸奔腾的急流，河床滩礁棋布、乱石嵯峨。在下游，像这类峡谷一个接着一个，千回百折，山嘴交错，层峦迭嶂；峡谷两侧山坡是森林密布，满坡漫绿，看来又是那么幽深秀丽。它那连绵的峰峦和不尽的急流相结合，构成一幅壮丽动人的画面。

第一次考察印象

从小就知道雅鲁藏布江，但直到2009年长江委尼羊河综合考察时才目睹其风采。当时考察的重点是雅江的支流尼洋河。在西藏水利厅的安排下，长江委一行20多人在八一镇驻扎一周，先后考察了尼洋河全程和主要支流，最后考察了尼洋河入雅鲁藏布江河口及雅江下游段。雅鲁藏布江下游不仅山高谷深，河流落差大，而且降雨量，水流湍急，水能资源丰富，有世界最大的峡谷——雅鲁藏布江大拐弯，还有海拔7756米、终年被冰雪覆盖的南迦巴瓦峰，在南迦巴瓦峰下游有大片原始森林，是西藏自然资源和旅游资源最丰富的地区。

尼洋河河谷及湿地是中国最美最自然的河流湿地。当时的感觉是这里不应该修建水电站，其美丽壮观的风景价值远大于水力发电价值，如果非要见水电站，就在支流建，应该保留这段美丽至极的湿地。

考察印象深刻的有：①在尼洋河综合规划的讨论会上，我将自己的意见表述，得到了许多专家的认可。我们不能为了眼前一点经济利益而失去宝库一样的自然生态系统和美丽的湿地景观。②雅鲁藏布江下游的大拐弯峡谷，从派镇到墨脱县220多千米的河段内，河床下降了2200米，平均1千米内跌落10米多，奔腾的江流在迂回曲折的峡谷中奔流，这里蕴藏着充沛的水能资源。③尼洋河科学考察，不仅是我第一次到西藏，也是我第一次住在海拔近3000米的地方。考察期间，不知是哪位同事透露我将过生日，长江委领导和西藏水利厅领导买了一个很大的蛋糕，为我庆祝50岁生日，在西藏如此美丽的地方度过一个特殊的生日，令我终身难忘。

初步计算，大拐弯峡谷中的水力资源要占整个雅鲁藏布江水能资源的2/3以上，其水能的单位面积蕴藏量在世界同类大河中是少见的，如果不利用实在可惜，但应该主要生态环境的保护，最好产业引水式，不仅可以保护大峡谷景观，也可以节省工程投资。

第二次考察印象

2014年4月15—19日，我们一行5人到西藏看望我院援藏干部，并就西藏水利科研发展和我院人才援藏等问题与西藏自治区水利厅及相关单位进行座谈。这次考察不仅考察的藏传佛教圣地拉萨和日喀则，还考察了雅鲁藏布江中游，支流年楚河、拉萨河和羊卓雍措、满拉水库。

由于从武汉到拉萨没有直接航班，得从重庆、成都等地中转，在西藏考察了一周时间。

西藏水利厅领导对我们此行十分重视，亲自安排我们的行程，使我们很顺利地完成了科技合作谈判和考察的任务，也为我们今后科技援藏打下了基本。在拉萨，西藏自治区水利学会理事长、扎西巡视员、王及平副厅长分别会见了我们，参加座谈的还有厅水政水资源科技处、人事处、厅办公室、厅水土保持局、厅水利设计院主要领导。西藏水利设计院和水土保持局还特别与我们进行了广泛的接触和协商，并就今后科技合作、人才培养和援藏干部选派等问题达成意向。

在去日喀则的途中，我们考察了羊卓雍措和满拉水库，途经卡若拉山口，那里海拔5020米，看到了冰川，而从日喀则回来的路上，查看了西藏最发达的日喀则灌区。这里生产了西藏一半以上的粮食，在回来的路途，我们沿程考察了不断变化的雅鲁藏布江，既看到宽达10多千米的宽河谷，也看到不足百米的峡谷河段，看到西藏自然因素产生的水土流失和古泥石流体，也看到因修铁路及公路产生的人为水土流失，感觉西藏的水土保持任务艰巨。

到西藏，蓝天、白云、高山、冰川最容易直入眼帘，但如果你深入观察藏传佛教，就会明白它有多么深奥而富有魅力，你一定会感受到那里的民族和宗教与自然是融为一体的，这也形成世界上独特而魅力无穷的景观和文化。

西藏抬头无处不是景，而藏传佛教更是深奥无比，如苯教、外教；显宗、密宗；宁玛派、噶举派、格鲁派；达赖、班禅；塔尔寺、大昭寺、布达拉宫；经幡、唐卡；藏药、青稞、酥油茶等，初次听说一定会感到深奥、神奇、复杂甚至眩晕，但只要再进一步，你就会感觉藏传佛教博大精深、底蕴丰厚、系统而强大，富有感染力。难怪藏民几乎百分之百地信仰，而且绝大多数都十分虔诚。那里真是一片圣土，让人流连忘返。

「雅江中游日喀则附近的宽河谷」

同样让我感受深刻的是，西藏面积虽然很大，但雅鲁藏布江才是西藏的母亲河，在雅江流域就生活着95%以上的人口以及几乎所有重要的工业、农业、文化乡镇，由此可见雅江流域对于西藏的重要性。

雅江两岸河谷有宽达10～20千米的河谷，也有不足200米的峡谷。宽河谷低处是河滩湿地，稍高些河滩地种植大片青稞，高滩或者古泥石流体上是藏族居民点。而峡谷江段是光秃秃顶山体，水流湍急。

考察满拉水库时路过卡若拉山口（5020 米），我看见了真正冰川。

「岗巴拉山口（4880 米）」

从拉萨出来，翻越 5030 米的岗巴拉山口时，我看到平静的羊卓雍措。它简称羊湖，藏语意为“碧玉湖”， 与纳木错、玛旁雍错并称西藏三大圣湖，因像珊瑚枝一般，所以在藏语中又被称为“上面的珊瑚湖”。位于西藏山南地区的浪卡子县，拉萨西南约 70 千米处，是喜马拉雅山北麓最大的内陆湖泊，湖光山色之美，冠绝藏南。羊卓雍错面积 675 平方千米，湖面海拔 4441 米。湖泊虽然美丽，但水是咸的，不能用来灌溉，只能供人崇拜和观赏。

「羊卓雍措（4400 米）」

看了天然的羊湖后，又来的了年楚河上的控制性水库——位于江孜的满拉水库。该水库建在海拔 4300 米的地方，主要功能是灌溉，其次是发电和旅游。虽然库容有 1.57 亿立方米，但水库面积比羊卓雍错小很多。从江孜到日喀则河谷是西藏做重要的农业区，

「考察满拉水库路过卡若拉山口（5020 米），看见真正冰川。」

有60万亩的灌溉耕地，没有想到在青藏高原还有这么大片的灌溉农田，真是令人惊叹。

西藏自治区整体降水量小，气候十分干旱，但由于人口少，人均水资源十分丰富。只是目前水资源利用率不到1%，而且绝大多数为农业用水。感觉西藏地大，山多，水低，高出河岸以上的99%以上的陆地极度缺水。低洼处如果有水就会有湿地和绿洲，如果增加水利工程就会增加农田面积和地面植被，减少水土流失，自然环境会更好。

江河源说

每一条河都有其演变历史，流淌的江河不仅滋润着大地，也诉说着自己的故事，可以说，每一条河都有自己的传说及文明发展的历程。

由于国际和国内没有统一的河源确定标准，对于河源争议不仅出现在长江、黄河和澜沧江，国内外其他河流的河源也存在争议，也在不断变化之中。

国外大河

由于国际和国内没有统一的河源确定标准，对于河源争议不仅出现在长江、黄河和澜沧江，国内外其他河流的河源也存在争议，也在不断变化之中，所以世界河流排名也经常变化。

尼罗河

尼罗河自苏丹的喀土穆以上，有白尼罗河和青尼罗河两源。其中，白尼罗河源远流长，所以被确定为干流；青尼罗河尽管占尼罗河洪水的近70%，但流程较短，仍定为支流。

白尼罗河河水由维多利亚湖补给，过去仅以维多利亚湖的出口作为长度的起点，因此尼罗河的全长仅5600千米。后来，按照“河源唯远”的原则，将维多利亚湖上游源于布隆迪中部卡盖拉（Kagara）河上源的卢维伦扎河作为尼罗河的上源，加上维多利亚湖面距离在内，尼罗河全长增加了1071千米，达到6671千米，这样才成为世界第一长河。

目前存在的争议是，792千米长的卡盖拉河折转于维多利亚湖的西侧，加上279千米长的湖面距离才到湖泊的出口，这里不仅将近300千米的一段湖面算成河流长度，而且卡盖拉河走向与尼罗河干流流向很不一致。但它却决定了尼罗河的长度比传统认为的亚马孙河要长。这也说明世界大河争地位，就像各个国家争大国地位一样，历来都有争议。

亚马孙河

亚马孙河除长度外，其他指标都居世界第一大河地位，因此号称“世界河流之王”。

但近年来，不少资料又将其列为世界最长河流。原因是亚马孙河以发源于秘鲁中部的马腊尼翁（Maranon）河为源时，全长为 6400 千米，不及尼罗河长，而若以发源于秘鲁南部乌卡亚利（Ucayali）河上游的阿普里马克（Aqunmac）河为源，则长度增加到 7025 千米，这样就超过了尼罗河，成为全能的世界第一大河。

但也有人不同意这种说法，认为从河网平面图上可见，马腊尼翁（Maranon）河是干流向上的自然延伸，与干流流向一致，而乌卡亚利（Ucayali）河河道南折，与干流流向不一致。

密西西比河

密西西比河发源于明尼苏达州北部，从艾塔斯卡（Itasca）湖流到墨西哥湾，全长不到 3800 千米，在世界大河中排不上名次。但其支流密苏里河从蒙大拿州西南境到汇入干流处的长度就达到 4126 千米，超过干流总长 300 千米，所以，目前密西西比河均以密苏里河为河源量来计算河长，结果全长为 6020 千米，成为世界第四长河。

但同时，由于长期历史的习惯，仍然以艾塔斯卡（Itasca）湖为密西西比河的源头，它从上下游走向来看，十分顺直，但河长并不由此计算。

至于水量，密西西比河左岸支流俄亥俄河水量最丰富，其多年平均流量达到 7300 立方米每秒，相当于密苏里河的 3.2 倍，占密西西比河干流下游维克斯堡水文站平均流量 15800 立方米每秒的 46.6%，显然，水量并没有作为确定干支流的依据。

俄罗斯的河流

叶尼塞河和鄂毕河，由于依“河源唯远”原则，叶尼塞河由全长 4130 千米（以大叶尼塞河为源）增至 5540 千米（以色楞格河为源），而鄂毕河由 4070 千米（以卡通河为源）增加至 5410 千米（以我国境内的额尔齐斯河为源），成为世界著名长河。这两条河虽改为最远点为河长量算起点，但正源仍然维持过去的习惯，并未作相应的变更。

与俄亥俄河类似，俄罗斯的伏尔加河其支流卡马（Kama）河的水量超过伏尔加河干流，但仍然将其作为支流。

从以上国际著名河流河源确定情况看，由于没有国际标准，世界各主要河流河源确定也比较随意，存在争议在所难免。

长江水系其他支流江源之争

2011 年国家开展了第一次全国水利普查，对河流数量、长度、流域面积和河源情况进行了全面的普查。在普查前，对河流干支流关系确定了基本原则：一般按河长唯长原则确定，同时考虑河长比、面积比、径流量比、河长起算点高程差等指标对比以及河流交汇处河势等综合因素确定，如果上述指标间大小比值相差小于 10% 时，可以按照约定成俗（即历史习惯）的方式确定干支流关系。普查采用 1:5 万数字地图提取的河网水系为主要技术依据，普查结果表明：大约 90% 以上河流可以按照河长唯长原则确定河源，但仍然有不少河流河源的普查成果与传统说法不一致，即使水利普查有明确的界定标准，但地方政府或者受传统习惯的影响，仍然没有办法正式对外宣布最新的河源普查成果，其中长江流域就有几个典型的例子。

岷江源

岷江源一直以来都有争议，如果按“河源唯长，水量唯大”的原则，显然大渡河应该为岷江正源，无论是《中国河湖大典》（长江卷），还是 2011 年开展的第一次水利普查结果都认为大渡河应该为岷江正源，并且重新取名为岷江—大渡河，而将原岷江上中游段称为岷江—大渡河的支流。因为原岷江长度只有现在岷江—大渡河的 1/2 多，流域面积只有岷江—大渡河的 1/3 多，支流数量也不足岷江—大渡河的 1/3。

即使多方面的科学论证结果一致，四川省仍然有不同的看法，主要原因有二，一是历史习惯和“约定成俗”，二是大渡河几乎与原岷江垂直方向汇入原岷江，岷江上段与岷江下段更加顺畅，所以，岷江长度可以从大渡河算起，但河源还是原岷江河源，这一点与美国的密西西比河情况类似，河长起算点与河源不是一个地方。

乌江源

乌江上游有南北两源，北源为六冲河，南源为三岔河，传统习惯将三岔河为正源，源头位于贵州省西部乌蒙山东麓，威宁彝族回族苗族自治县的大典盐仓镇，而六冲河发源于贵州省赫章县可乐彝族苗族乡。六冲河干流长273千米，流域面积10665平方千米，多年平均径流量42.8亿立方米，而三岔河虽然河长为328千米，但流域面积仅为7160平方千米，所以，第一次全国水利普查办公室根据水利普查技术要求，认为应该将六冲河定为主流，三岔河为支流。但贵州省不同意。

湘江源

根据《中国河湖大典》（长江卷）记载，湘江发源于广西兴安县高尚镇，路西以上分为东西两源，东源称为白石河，源头位于南岭山脉都庞岭西侧海洋山近峰岭，地处广西自治区兴安县白石乡塘口田村。南源称海洋河，源于南岭山脉都庞岭西侧海洋山龙门界的广西灵山县海洋乡大江村。《水经注》记载：湘水出零陵石安县海洋山，后来人们以此为据，以南源海洋河为湘江正源。1985年，广西省组织专家实地考察，测量得到南源海洋河长57.7千米，东源白石河河长69千米，按河源唯长原则，确定东源白石河应为正源，《中国河湖大典》正是采用该成果。

2011年第一次水利普查时，确定潇水为湘江正源，将以前湘江源头至与潇水汇合处命名为湘江西源，西源两源头分别为白石河和海洋河，以白石河为湘江西源源头，海洋河为湘江西源的支流，湘江西源为湘江的一条支流。对于该成果广西方面不同意，理由是打破了历史上的“约定成俗”规则，地方难以接受。

实际上，潇水无论在河长、集水面积和地表水资源量均超过发源于广西的湘江河段，但传统习惯的力量仍然十分强大。

河源确定小结

从前面的三江源及其他河源争议中，可以看出：即使现代3S等遥感测绘技术发展迅速，科学的测绘和制图方法已经大为改进，相关的成果也越来越多，但要改变一条江河的源头并不容易，这里不仅有科学问题，也有传统习惯和文化传承的问题。即使不考虑传统习惯和人文因素，仅从科学角度，河源确定就与河源的长度、走向、流域面积、水量、汇合口处的河势、河道形成历史和比降、源头高程及地理特征等诸多因素有关，这些因素在确定河源时各占多大权重，没有统一的标准，所以，存在仁者见仁，智者见智情况，但要真正改换传统说法自然不容易，何况许多河源争议的问题都处在测量误差范围内或者都没有提供足够令人信服的科学数据，我们不可能仅凭一两次不完整的科学考察成果就产生重大的地理大发现，更不可能让权威机构据此承认自己的考察成果或者研究成果。坚实的科学数据支撑及测量以及考察成果的积累很重要，第三方、第四方的再论证同样重要，只有经得起历史考验的成果，才会逐渐被世人认可。

图书在版编目（CIP）数据

三江源之旅 / 陈进著．—武汉：长江出版社，2019.6（2023.1 重印）
（长江文明之旅丛书．山高水长篇）
ISBN 978-7-5492-6526-8

Ⅰ.①三… Ⅱ.①陈… Ⅲ.①河流水源—介绍—青海 Ⅳ.①P343.1

中国版本图书馆 CIP 数据核字（2019）第 105292 号

项目统筹：张 树
责任编辑：李海振 苏密娅
封面设计：刘斯佳

三江源之旅
刘玉堂 王玉德 总主编 陈进 著
出版发行：上海科学技术文献出版社
地 址：上海市长乐路 746 号 200040
出版发行：长江出版社
地 址：武汉市解放大道 1863 号 430010
经 销：各地新华书店
印 刷：中印南方印刷有限公司
规 格：710mm×1000mm 1/16
印 张：9.5
字 数：129 千字
版 次：2019 年 6 月第 1 版 2023 年 1 月第 2 次印刷
书 号：ISBN 978-7-5492-6526-8
定 价：39.80 元